国家社会科学基金项目《我国战略性新兴产业环境技术效率测度研究》（项目批准号：12BJY014）

我国战略性新兴产业环境技术效率测度研究

徐 晔◎著

U0342838

MEASUREMENT RESEARCH ON THE
ENVIRONMENTAL TECHNICAL EFFICIENCY OF
CHINA'S STRATEGIC EMERGING INDUSTRIES

经济管理出版社
ECONOMY & MANAGEMENT PUBLISHING HOUSE

图书在版编目（CIP）数据

我国战略性新兴产业环境技术效率测度研究/徐晔著 . —北京：经济管理出版社，2014.12
ISBN 978-7-5096-3546-9

Ⅰ.①我… Ⅱ.①徐… Ⅲ.①新兴产业-环境经济-经济效率-研究-中国 Ⅳ.①X196

中国版本图书馆 CIP 数据核字（2014）第 289016 号

组稿编辑：魏晨红
责任编辑：魏晨红
责任印制：黄章平
责任校对：张　青

出版发行：经济管理出版社
　　　　　（北京市海淀区北蜂窝 8 号中雅大厦 A 座 11 层　100038）
网　　　址：www. E-mp. com. cn
电　　　话：(010) 51915602
印　　　刷：北京京华虎彩印刷有限公司
经　　　销：新华书店
开　　　本：720mm×1000mm/16
印　　　张：12.5
字　　　数：204 千字
版　　　次：2014 年 12 月第 1 版　2015 年 5 月第 2 次印刷
书　　　号：ISBN 978-7-5096-3546-9
定　　　价：38.00 元

前　言

随着国民经济快速发展，单纯依靠资源消耗换取经济增长的方式逐渐被淘汰，加快经济转型成为我国未来发展的主要方式。在此背景下，大力发展战略性新兴产业，促进经济转型，逐步成为理论界与实践界的共识。在加快发展我国战略性新兴产业的过程中，对产业结构进行调整和优化，由数量型、消耗型的传统经济增长方式转向质量型、效率型的新型经济增长方式，并注重经济增长中效益与质量的均衡以及产业结构的协调，这成为实现我国经济可持续发展的重要途径。环境技术效率作为新时期技术效率的指标，在考虑环境约束的前提下，对产业的技术效率做出评价，分析产业的资源利用率，产业与资源、环境的协调程度。战略性新兴产业在生命周期的初级阶段存在技术创新不够活跃和技术不成熟的特点，资源耗竭和环境污染又不可避免地制约着产业的可持续发展。因此，对我国战略性新兴产业环境技术效率进行测度研究具有重要的理论和实践意义。

首先，通过与传统技术效率的比较，本书介绍了环境技术效率的内涵与特征，在此基础上，运用方向性距离函数对 2003~2012 年我国各省市战略性新兴产业和 2003~2012 年我国战略性新兴产业各细分产业的环境技术效率进行测算。根据测算结果对其变动状况采用 Global Malmquist-Luenberger（GML）指数进行表示，将环境技术效率的变动分解为技术进步和效率改进两个方面，对考虑和不考虑非期望产出的 GML 指数、考虑和不考虑非期望产出的 ML 指数进行比较分析，并分别对环境技术效率的产业间差异采用 σ 收敛进行检验，对省际间的差异采用 β 收敛进行检验，采用空间计量的方法进行空间收敛性分析。

其次，详细分析环境技术效率的微观、中观以及宏观影响因素。明确了战略性新兴产业环境技术效率的微观影响因素主要有创新战略、高素质人才、科研经费以及技术进步；中观影响因素有市场环境，金融支持以及产业结构；宏观影响因素有政府扶持、对外开放程度以及环境约束。在此基础上，选取与影响因素指标对应的变量——拥有专利发明数、R&D经费内部支出、劳动力素质、技术变更额、市场集中度、所有制结构以及CO_2排放量。基于2003~2012年我国30个省市战略性新兴产业的样本数据，采用面板Tobit模型对环境技术效率影响因素进行实证分析，分析环境技术效率与其影响因素之间的关系。

再次，本书在分析环境技术效率各内外部驱动力因素的基础上，构建了战略性新兴产业环境技术效率的内外部驱动力模型，并在明晰产业技术创新与环境技术效率相互作用的基础上，构建了战略性新兴产业创新系统分析环境技术效率的内部和外部驱动力机制。此外，通过建立环境技术效率内外部驱动力因素的共生Logistic模型，分析各内外部驱动力因素分别对创新系统的作用程度，并对环境技术效率内外部驱动力系统的演化速度做仿真分析，分析内外部驱动力系统演化速度的变化趋势。

最后，根据战略性新兴产业环境技术效率测算的结果、环境技术效率的影响因素的实证结果以及环境技术效率的内外部驱动力分析结果，本书提出提升战略性新兴产业环境技术效率的对策，并分别从外源动力和内源动力两个角度提出增强战略性新兴产业环境技术效率动力的对策。

本书得出的主要结论如下：

第一，无论从行业还是地区角度看，我国战略性新兴产业的环境技术效率还存在较大的改善空间。从时间变动趋势上来看，环境技术效率在2003~2007年呈下降趋势，从2008年开始逐年上升；分产业研究时，当非期望产出满足弱可处置时，除节能环保、高端装备制造业之外，其他产业的环境生产效率都是下降的，战略性新兴产业之间的差异主要来源于技术进步（EC），其差异呈现明显的波动性；从地区分布上看，华北、西北地区的环境技术效率增长的速度较快，华东、华南、西南地区次之，华中、东北地区的增长速度最慢。在不考虑非期望产出时，技术效率的增长高于考虑非期望产出时的环境技术效率。这说明不考虑非期望产出会夸大环境技术效率的增长。同时，当期生产技术下的环境技术效率增长普遍低于全局生产技术下的测算结果。由收敛性分析可知，2003~2012年我国各个省市的技术效率都存在非常显著的收敛性。这说明我国各个地区之间存在着较为显著的技术扩散现象，并导致了各个地区间的技术效率收敛。由空间计量的实证结果可知，我国战略性新兴产业环境技术效率的空间相关性为 0.1216，区域间的战略性新兴产业环境技术效率存在着空间依赖性，且我国战略性新兴产业环境技术效率确实存在绝对 β 收敛，空间相关性的存在使得这种收敛现象更为明显。

第二，各个影响因素对环境技术效率的影响程度各不相同。拥有专利发明数、R&D 经费内部支出、劳动力素质以及技术变更额的估计系数均为正，说明它们对战略性新兴产业环境技术效率整体上的影响是正向的，对环境技术效率的提升起着促进作用；市场集中度、所有制结构以及 CO_2 排放量（环境约束）的估计系数在战略性新兴产业中均为负，说明它们对战略性新兴产业环境技术效率整体上的影响是负向的，对环境技术效率的提升起着抑制作用。

第三，环境技术效率各子系统内部的驱动力因素之间是相互作用的，并且内外部驱动力系统之间也是共同作用的，二者共同促进环境技术效率的提高。在共生模式下，通过各子系统内部以及各子系统之间的互相作用与促进，环境技术效率内外部驱动力因素系统的最优演化速度均突破了非共生模式下各自演化速度的上限。

第四，提升战略性新兴产业环境技术效率的政策有制定新型创新战略，提升产业创新能力；加大研发财力和人力投入，强化企业创新主体地位；改革创新体制，促进技术引进消化吸收再创新；促进产业集群成长，优化产业结构；坚持政府引导和市场调节相结合，优化资源配置；经济发展与环境并重，坚持可持续发展战略；考虑区域差异和空间相关性，因地制宜发展战略性新兴产业。基于内源动力和外源动力提出了增强环境技术效率动力的政策。内源动力方面：增加科研经费投入，提高产业创新能力；完善产业内人才培养机制，切实提高产业高素质人才密度；探索多种产业创新发展模式，提升产业核心竞争力。外源动力方面：培育市场环境，扩大市场需求；完善金融支持体制，强化产业发展资本支持；重点扶持特色产业，促进产业的聚集发展；加强"官—产—学—研"一体化战略中的政府支持作用；深化开放合作，促进知识技术共享；严格执行环境管制政策，促进战略性新兴产业与环境协调发展。

笔 者

2014 年 12 月

Preface

With the rapid development of national economy, the way of relying on resource consumption for economic growth will be washed out gradually. Accelerating the economic transformation becomes the main mode of future development of our country. In this context, developing strategic emerging industries and promoting economic transformation become the consensus of the theoretical and practice circles gradually. Speeding up the development of strategic emerging industries in our country becomes an important way to realize the sustainable development of economy in our country. We should adjust and optimize the industrial structure, convert the consumption of traditional economic growth pattern to the effective new economic growth mode, pay attention to the efficiency of economic growth, the quality of balance and coordination of industrial structure. Environmental technology efficiency was used as a measurement of technical efficiency in the new period. It makes a new evaluation on the efficiency of industry under the premise of considering the environment, and provides guidance for the development of the industry by analysis the resource utilization of industry and the level of coordination among industry, resources and environment. Strategic emerging industries in the early stages have the characteristics of lacking of innovation and technology, and face with resources and environment constraints inevitably. Therefore, measuring the environmental technology efficiency of strategic emerging industry in China has important theoretical and practical significance.

Firstly, this paper describes the content and features of environmental technical efficiency by comparing with the traditional technical efficiency. Then, this paper uses the directional distance function to calculate environmental technology efficiency of strategic emerging industry among provinces and industries in 2003–2012. According to the calculated result of the changes, it gives the Global Malmquist–Luenberger (GML) index which is decomposed into technological progress and efficiency improvement, and also makes a comparative analysis of results among GML index, GML index not considering undesirable outputs, contemporaneous ML index and ML index not considering undesirable outputs. Then it analyses the convergence of environmental technical efficiency among industries and provinces.

Secondly, this paper analyzes the macro, meso and micro influencing factors of environmental technical efficiency. The strategic emerging industry environmental technology efficiency of micro innovation strategy are the main influencing factors, the high quality talents, scientific research and technological progress, the medium influence factors are market environment, financial support and industrial structure, macro factors are government support, the degree of opening to the outside world, and environmental constraints. Then, this paper selects seven variables according to the influencing factors: patented invention, internal expenditures, the quality of labor, technical change, the concentration of market, the structure of ownership and CO_2 emission. This paper also makes an empirical study of the environmental technical efficiency and its influencing factors of China's strategic emerging industries over the period of 2003 to 2012 by using panel Tobit model.

Thirdly, this paper analyses the internal and external driving force dynamic mechanism of environmental technical efficiency of strategic emerging industry, then this paper analyses the internal and external driving force dynamic mechanism by creating the innovation system of strategic emerging industry, according to clarify the relationship between technical innovation and environmental technical efficiency. This paper also creates the Logistic model of Internal and External driving factors of environmental technical efficiency, also does the simulation of the Logistic model to analysis the trend of evolution speed of the internal and external driving force system.

Lastly, this paper gives some policy recommendations to improve the environmental technical efficiency and the driving force of environmental technical efficiency in terms of endogenous and exogenous dynamic perspective, according to the empirical study results of the environmental technical efficiency and its influencing factors and the analysis of the internal and external driving factors of environmental technical efficiency.

The main conclusions are as follow:

Firstly, no matter from the perspective of the industries or provinces, China's environmental technology efficiency of strategic emerging industry level is low overall. It is on the decline from 2003 to 2007, but rising year by year starting in 2008. On industries research, when the governance expected output costs, in addition to energy conservation and environmental protection industry, high-end equipment manufacturing industry, other industries' environment efficiency is declining. The difference between the emerging industries mainly comes from technological progress (EC), illustrating the importance of technology. From the view of regional distribution, the growth of the environmental technology efficiency of North China, Northwest China is the faster, and then is East China, South China, Southwest China, the slowest growth in Northeast China and Central China. If not considering the expected output, the growth of technical efficiency is higher than the ones when considering the expected output. This shows that not considering the expect output will exaggerate the growth of the environmental technology efficiency. At the same time, under the current production technology of environmental technology efficiency is generally lower than the global growth under the production technology of measuring results. And the convergence analysis shows that there is very significant convergence in different provinces between 2003 and 2012. It means significant technology diffusion phenomenon leads to the technical efficiency of convergence between the regions. By spatial econometric empirical results, the environmental technology efficiency of spatial correlation of strategic emerging industry in China is 0. 1216, regional strategic emerging industry environmental technology efficiency influence each other, and the environmental technology efficiency of strategic emerging industry in China do have absolute convergence, the existence of the spatial correlation makes this convergence phenomenon is more obvious.

Secondly, the macro, meso and micro influencing factors are different correlated with environmental technical efficiency. Patented invention, internal expenditures, the quality of labor and technical change are positively correlated with the environmental technical efficiency, but the concentration of market, the structure of ownership and CO_2 emission are negatively correlated with the environmental technical efficiency.

Thirdly, the internal and external driving forces promote the environmental technical efficiency by common. The evolution speed of Internal and External driving factors of environmental technical efficiency under symbiotic model breaks the upper limit of the evolution speed under non-symbiotic mode.

Lastly, The policy recommendations of improving environmental technical efficiency are as follow: Improving technological innovation system by reform innovation system, Optimizing the allocation of resources by strengthen government support, Enhancing industrial innovation capacity by develop new innovative strategies, Exerting industry-oriented play by optimize the industrial structure, Taking the essence and discarding the dross by increase openness, Persisting sustainable development strategy by pay equal attention on economic development and environment, Developing strategic emerging industries accords to the local conditions by consider regional differences. In terms of endogenous dynamic perspective, the policy recommendations improving the driving force of environmental technical efficiency are as follow: Enhancing industrial innovation capacity by increase research funding, Enhancing the core competitiveness of industries by enhance independent innovation capability, Enhancing industrial quality talent density by improve personnel training mechanism, Enhancing the innovation capacity of industrial technology by promote the "production-learning-research" integration and cooperation; In terms of exogenous dynamic perspective, the policy recommendations improving the driving force of environmental technical efficiency are as follow: Expanding market demand by foster market environment, Strengthening the capital support of industrial development by improve the financial support system, Promoting the development of industry aggregation by focus on supporting specialized industry, Promoting the sharing of knowledge and technology by deepen open cooperation, Promoting coordinated development of strategic emerging industries and the environment by implement environmental control policy strictly.

目　录

1 绪 论

1.1 研究背景

改革开放以来，中国的经济一直呈现高速增长态势，取得了举世瞩目的成就，积累了丰富的经验，但我国的经济增长因长期单方面追求高速发展而忽略了对环境的保护，尤其是工业的发展长期建立在对资源和能源的高消耗上。这种传统的经济发展模式不可避免地造成了资源的过度消耗和生态环境的破坏，导致产业发展不协调、资源利用率低下、自主创新能力不足等问题日益突出。亚洲银行和清华大学在生态文明与国际社会作用研讨会上发布的报道称，中国的空气污染每年造成的经济损失基于疾病成本估算相当于国内生产总值的1.2%，基于支付意愿估算则高达3.8%；中国最大的500个城市中，只有不到1%达到了世界卫生组织推荐的空气质量标准；世界上污染最严重的10个城市之中，有7个在中国①。2014年全球能源架构绩效指数排名，中国在124个国家中位列第85位，表明中国依然面临能源结构不合理，大量依赖进口以及污染严重的事实②。中国日益增长的能源需求、工业的迅速扩张以及机动车数量的增加导致空气质量迅速恶化。雾霾和酸雨发生频率增加，固体垃圾排放增多，河流、湖泊污染严重，对人体健康和生态系统产生了负面的影响。

在可持续发展中，资源和环境不仅是经济发展的内生变量，也是制约经济

①　亚洲开发银行，清华大学．迈向环境可持续的未来——中华人民共和国国家环境分析［R］．生态文明与国际社会作用研讨会，2013-01-14.

②　世界经济论坛，埃森哲．2014年全球能源架构绩效指数报告［R］．2013-12.

发展规模和速度的刚性条件。随着资源的日益枯竭和生态环境的不断恶化，环境问题已经成为制约我国经济发展的重要因素，影响着我国经济、资源和环境的协调发展。以资源消耗带动经济增长的传统经济增长方式再也无法满足可持续发展下的经济增长要求。因此，转变经济发展方式，推动产业结构升级，建设资源节约型环境友好型社会，使经济又好又快发展，已经成为我国经济实现可持续发展的当务之急。在此背景下，大力发展战略性新兴产业，促进经济转型，逐步成为理论界与实践界的共识。国务院于 2010 年 10 月 18 日公布了《关于加快培育和发展战略性新兴产业的决定》，将战略性新兴产业定义为：以重大技术突破和重大发展需求为基础，对经济社会全局和长远发展具有重大引领带动作用，知识技术密集、物质资源消耗少、成长潜力大、综合效益好的产业[①]。并进一步明确了我国战略性新兴产业包括节能环保产业、新一代信息技术产业、高端装备制造业、新能源产业、生物产业、新材料产业与新能源汽车产业七大产业，同时将战略性新兴产业的培育和发展提升到国家战略层面，中央和地方政府相继制定了战略性新兴产业的发展方案。在加快发展我国战略性新兴产业的过程中，对产业结构进行调整和优化，由数量型、消耗型的传统经济增长方式转向质量型、效率型的新型经济增长方式，并注重经济增长中效益与质量的均衡以及产业结构的协调，成为实现我国经济可持续发展的重要途径。目前，我国战略性新兴产业发展迅速，经济增长方面，2013 年战略性新兴产业上半年部分产业增长速度达到工业经济总体增速的两倍左右；技术创新方面，战略性新兴产业领域的国家工程研究中心、国家工程实验室的比例占工业领域的 70% 以上；产业集群方面，我国形成了珠三角、长三角、京津冀等地区的战略性新兴产业集群[②]。战略性新兴产业已经成为支撑产业结构调整、经济转型发展的重要力量。随着我国政府把战略性新兴产业纳入到发展国民经济的先导产业和支柱产业之中，战略性新兴产业的经济战略地位也得到了极大的提升。

但是日益严重的资源耗竭和环境污染不可避免地制约着我国战略性新兴产业的发展，只有资源和环境友好型的战略性产业才能促进我国经济的发展并带

① 国务院办公厅. 国务院关于加快培育和发展战略性新兴产业的决定 [R]. 2010-10-18.
② 国务院发展研究中心信息网. 2013 年我国战略性新兴产业发展回顾 [EB/OL]. 2014-01-07.

动其他产业的发展。显然，在今后一段时期，环境约束下战略性新兴产业的发展进程和前景无论在理论上还是在实践上都将受到高度关注。传统的以地区生产总值评价地区经济绩效的方式仅仅考虑了产出，没有考虑投入的约束，导致地方为了追求生产总值的增长，忽视了资源过度消耗的事实。环境技术效率将环境因素纳入到技术测度框架，考虑在资本、劳动力等投入要素下的期望产出与最大期望产出的差距，非期望产出与最小非期望产出的差距。战略性新兴产业环境技术效率不仅反映战略性新兴产业投入、产出和污染之间的关系，也能够反映现实生产与理想生产的差距，衡量战略性新兴产业与资源、环境的协调状况。战略性新兴产业环境技术效率的测度能够客观反映我国战略性新兴产业的生产状况，以及全面了解战略性新兴产业对资源的利用情况。

战略性新兴产业作为技术密集型、资本密集型产业，在不断扩大产业规模的基础上，更应该注重提高产业的技术水平和技术效率。中国幅员辽阔，区域产业发展不平衡的现象显著，外部环境因素导致战略性新兴产业发展不均衡。在此背景下，通过测度我国战略性新兴产业的环境技术效率，并对其产业和区域差异进行比较，能够明晰我国战略性新兴产业对资源的利用情况和产业发展水平，可以为勘察战略性新兴产业发展漏洞，以及实现区域优势互补、结构合理的战略性新兴产业协调发展格局提供正确的理论和实践指导。通过分解战略性新兴产业环境全要素生产率，可以更全面地了解战略性新兴产业的技术效率增长过程，明确效率改进和技术进步对于产业的推动作用。对环境技术效率的影响因素进行实证分析，有利于分析环境技术效率的影响因素对环境技术效率的影响程度，进而提出有益于提升战略性新兴产业环境技术效率的政策建议。在对影响因素进行实证分析之后，对环境技术效率的内外部驱动力进行分析，明晰环境技术效率的技术创新特征，分析宏观、中观、微观影响因素对环境技术效率的作用路径和机理，有利于从内源和外源两方面提出战略性新兴产业环境技术效率提升的政策建议，从而促进战略性新兴产业又好又快地发展。

因此，研究战略性新兴产业环境技术效率，对国家和地方政府制定战略性新产业发展策略，战略性新兴产业企业进行优化资源配置和提升运营效率具有重要的现实意义。

1.2 研究的目的及意义

通过对战略性新兴产业环境技术效率进行测算，本书旨在对现阶段我国战略性新兴产业的环境技术效率进行时间和区域维度的分析，探究其变化趋势和区域差异。通过对环境技术效率的宏观、中观、微观影响因素进行实证分析，旨在厘清各影响因素对环境技术效率的作用机理。最后对环境技术效率的内外部驱动力进行分析，从内部和外部两方面明晰技术创新促进环境技术效率提高的作用机制，并分别从内源动力和外源动力角度提出提升我国战略性新兴产业环境技术效率动力的政策和建议。

对我国战略性新兴产业环境技术效率进行测算，并对其动力机制进行研究既有理论价值，也有实践意义，主要体现在以下几点：

（1）将环境技术效率和我国战略性新兴产业结合起来开展研究，将进一步推进我国战略性新兴产业的理论研究。

（2）通过测算我国战略性新兴产业的环境技术效率，并对我国战略性新兴产业环境技术效率的时间变动趋势和区域差异进行比较分析，从而明确我国各地区战略性新兴产业的发展和升级路径，对统筹我国战略性新兴产业协调、可持续发展具有重要的理论指导意义。

（3）分析我国战略性新兴产业环境技术效率的微观、中观、宏观三维影响因素，对我国战略性新兴产业环境技术效率的影响因素开展实证研究，也是对我国战略性新兴产业环境技术效率理论研究的补充和完善，并为提高我国战略性新兴产业环境技术效率提供理论指导。

（4）对战略性新兴产业环境技术效率的内外部驱动力进行分析，将有助于明晰环境技术效率和技术创新的相互作用，明确我国战略性新兴产业环境技术效率影响机制的内在机理，以提升我国战略性新兴产业环境技术效率水平。

（5）提出增强我国战略性新兴产业环境技术效率及其动力的对策，将进一步完善我国战略性新兴产业的政策理论，并在政策层面对我国战略性新兴产业的长远发展起到指导作用。

1.3 研究方法与技术路线

1.3.1 研究方法

在环境约束下，为了将能源、环境污染排放和经济增长纳入环境技术效率分析的框架中去，我们采用包含普通投入、期望产出和非期望产出的 SBM 方向性距离函数测算了我国战略性新兴产业的环境技术效率，并采用 GML 指数对战略性新兴产业环境全要素生产率进行分解，分析战略性新兴产业的技术效率的增长过程。在分析环境技术效率影响因素的基础上，建立面板 Tobit 模型对环境技术效率影响因素进行实证分析。最后通过战略性新兴产业创新系统的建立，对我国战略性新兴产业环境技术效率的内外部驱动力机制进行分析，进而提出增强环境技术效率动力和加快战略性新兴产业发展的建议。

本书所采用的主要研究方法如下：

（1）文献追溯法。通过大量检索环境技术效率的测度、技术效率的影响因素以及驱动力机制的相关文献，包括国内期刊文献资料和国外期刊文献资料，我们对各类文献资料进行比较分析，分析研究对象之间的内在联系，充分认识到该研究领域的前沿性。在比较和分析国内外学术界关于环境技术效率的测度方法和影响因素的研究方法的基础上，确定了战略性新兴产业的内涵和特征，环境技术效率的测度方法，环境技术效率影响因素的实证方法以及驱动力机制的研究方法。

（2）规范分析与实证分析相结合。从战略性新兴产业的内涵和特征、环境技术效率的内涵和特征逐层分析战略性新兴产业环境技术效率的特征。针对样本数据，采用 SBM 方向性距离函数和 GML 指数对环境技术效率进行测度，并对环境全要素生产率进行分解。采用空间计量的方法对环境技术效率的空间相关性和收敛性进行实证分析。采用面板 Tobit 模型对我国战略性新兴产业环境技术效率影响因素开展实证研究，分析宏观、中观、微观三维度的影响因素对环境技术效率的影响程度。

（3）定性分析与定量分析相结合。对战略性新兴产业环境技术效率的内部驱动力和外部驱动力进行分析，分析其作用路径和机理。通过构建环境技术效率的内外部驱动力共生 Logistic 模型，并对其进行仿真分析，研究内外部驱动力对环境技术效率的共生演化机制。

（4）综合比较法。对战略性新兴产业环境技术效率的测度结果进行时间和区域维度的对比分析，分析环境技术效率的时间变动趋势和省域差异。对未考虑非期望产出情况下的 GML 指数和非期望产出弱可处置情况下的 GML 指数、考虑和不考虑非期望产出的 ML 指数进行对比，分析环境技术效率的增长状况。

（5）政策分析法。在分析环境技术效率及其影响机制研究的基础上，本书从内源动力和外源动力两个角度，给出增强环境技术效率动力的政策建议，从而进一步促进战略性新兴产业的发展。

1.3.2　研究技术路线

依据上文的研究方法，遵循"从实际问题出发—理论模型的构建—实证及经验研究—对策的提出"的研究思路原则，研究技术路线如图 1-1 所示。

1.4　研究内容与创新之处

1.4.1　研究内容

本书在明晰战略性新兴产业和环境技术效率的内涵与特征之后，基于 2003~2012 年我国战略性新兴产业 30 个省市（西藏因数据不全不在考虑范围内）的样本数据，首先，采用综合考虑"期望"产出、"非期望"产出以及投入的 SBM 方向性距离函数对我国战略性新兴产业环境技术效率进行测算，对其变动情况采用 GML 指数进行表示，并和不考虑非期望产出的 GML 指数、考虑和不考虑非期望产出的 ML 指数进行对比分析，采用空间计量的方法对环境技术效率的空间相关性和收敛性进行分析。其次，采用面板 Tobit 模型对环境技术效率影响因素进行实证分析。再次，通过明晰产业技术创新对环境技术效率的驱动作用，构建创新网络分析环境技术效率的内部和外部驱动力机制。最

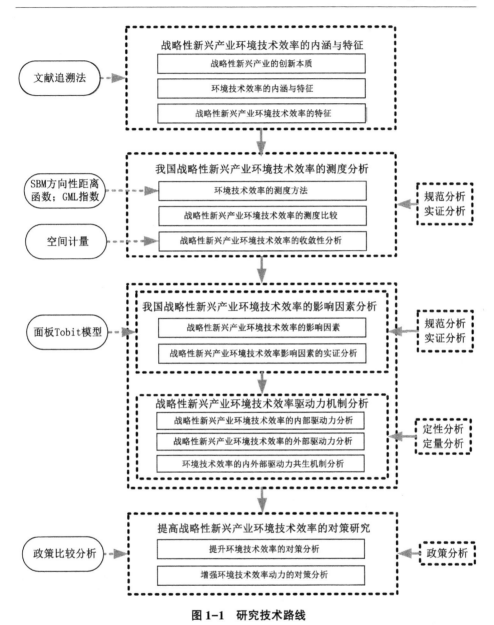

图1-1 研究技术路线

后，依据环境技术效率影响因素和驱动力机制的实证结果，从内源动力和外源动力两方面提出增强我国战略性新兴产业环境技术效率动力的政策建议。具体内容包括以下五个部分：

（1）战略性新兴产业环境技术效率的内涵与特征。本书首先界定了战略性新兴产业的内涵与特征，并在此基础上简述我国战略性新兴产业的发展现状，分析战略性新兴产业与技术创新的内在联系。通过介绍环境技术效率的内涵与特征，明确环境技术效率替代技术效率的必要性。同时分析战略性新兴产业环境技术效率的特征以及将战略性新兴产业与环境技术效率进行结合的必要性。

（2）战略性新兴产业环境技术效率的测度分析。在传统技术效率测度方法的基础上，介绍了采用的环境技术效率测度方法——SBM 方向性距离函数和 GML 指数。根据已有研究，结合战略性新兴产业的特点对战略性新兴产业的投入产出变量进行重新选择，并构建战略性新兴产业环境技术效率的测度模型，运用 SBM 方向性距离函数对 2003～2012 年我国各产业各省市战略性新兴产业的环境技术效率进行测算。然后对其变动状况采用 GML 指数进行表示，并和不考虑非期望产出的 GML 指数、考虑和不考虑非期望产出的 ML 指数进行比较分析。最后对环境技术效率进行收敛性分析，分别对环境技术效率的产业间差异采用 σ 收敛进行检验，对省际间的差异采用 β 收敛进行检验，采用空间计量的方法进行空间收敛性分析，并得出相关结论。

（3）战略性新兴产业环境技术效率的影响因素分析。在综合考虑战略性新兴产业环境技术效率的宏观、中观、微观影响因素的基础上，构建面板 Tobit 模型对环境技术效率的影响因素进行实证分析，检验各因素对战略性新兴产业环境技术效率的影响程度，并结合我国战略性新兴产业的实际发展状况对实证结果的经济意义进行解释。

（4）战略性新兴产业环境技术效率的驱动力机制分析。在明晰产业技术创新与环境技术效率内在联系的基础上，构建战略性新兴产业创新系统分析我国战略性新兴产业环境技术效率的内外部驱动力，明确各内外部驱动力因素是如何提高战略性新兴产业环境技术效率。通过建立战略性新兴产业环境技术效率内外部驱动力系统演化速度的共生 Logistic 模型，分析内外部驱动力因素的共生演化机制。

（5）提高我国战略性新兴产业环境技术效率动力的政策建议研究。针对战略性新兴产业环境技术效率影响因素的实证分析结果，以及环境技术效率的内外部驱动力机制的分析结果，分别从内源动力和外源动力角度提出增强我国战略性新兴产业环境技术效率动力的政策建议，以促进我国战略性新兴产业的进一步发展。

1.4.2 创新之处

本书的创新之处有以下两点：

（1）在环境约束下，将战略性新兴产业和环境技术效率结合到一起，分析了战略性新兴产业环境技术效率的内涵与特征。在此基础上，采用 SBM 方向性距离函数以及 GML 指数测算在考虑非期望产出的情况下我国战略性新兴产业的环境技术效率，并对其变动状况进行分解，依据环境技术效率测算的结果，分析战略性新兴产业环境技术效率的时间变化趋势和区域差异。

（2）在充分分析环境技术效率内外部驱动力因素的基础上，对我国战略性新兴产业环境技术效率的内外部驱动力机制进行研究。建立环境技术效率内外部驱动力系统演化速度的共生 Logistic 模型，并对共生 Logistic 模型进行仿真研究，分析在共生模式下环境技术效率内外部驱动力系统演化速度的变化趋势。

本书的不足之处在于因数据的可获得性而造成不是非常令人满意的结果。由于战略性新兴产业在我国兴起的时间比较短，有关于战略性新兴产业的数据很难准确地从相关年鉴或其他资料中获得。尽管高技术产业数据和其他相关统计年鉴的数据比较齐全，但高技术产业只是与战略性新兴产业密切相关，二者并不等同。因此采用结合高技术产业与战略性新兴产业而得到的数据进行相关研究，最终可能出现不是非常令人满意的结果。

1.5 文献综述

1.5.1 战略性新兴产业的研究现状

随着国民经济的快速发展，单纯依靠资源消耗换取经济增长的方式逐渐被淘汰，加快经济转型成为我国未来发展的主要方式。在此背景下，大力发展战略性新兴产业，促进经济转型，逐渐成为理论界与实践界的共识。目前学界在发展战略性新兴产业的作用和意义等方面基本达成一致，但在一些操作层面的问题上还存在一定分歧。不同的学者从不同的视角对战略性新兴产业做了不同的界定（穆荣平，2010；李金华，2011；肖兴志，2011；冯春林，2011）。孙国民（2010）通过系统的文献回顾，基于战略性新兴产业概念的应用给出了国外新兴产业的四种提法、国内战略性新兴产业的两种提法，并结合国内外有关战略性新兴产业的概念界定、主要特征和相关判定要素，总结出战略性新兴产业的 7 个主要特征。综上所述，基于重大发展需求和重大技术突破，战略性新兴产业具备较好的全局性与战略性、很强的渗透力和带动效应、前瞻性与新兴性、综合效益好、增长潜力大、吻合现代生产标准、增长速度较高。发展战略性新兴产业直接决定着我国今后经济社会的跨越式发展和未来的国际地位。如何做到发展战略性新兴产业呢？

第一，要找准方向，不以投资优先，而以掌握核心技术、激活创新动力和创造成长条件优先，充分考虑自身已有的产业结构特点和现有的经济基础是战略性新兴产业的发展方向（钟清流，2010；李朴民，2010）。随着战略性新兴产业的兴起，不少学者对它进行了相关研究。于新东、牛少凤（2011）分析了产业结构调整和能源消费结构之间的关系，进而对战略性新兴产业优化能源消费结构的作用进行了详细的分析。朱瑞博和刘芸（2011）提出政府培育战略性新兴产业发展机制由创新链整合机制、产业链整合机制、创新链与产业链融合机制以及社会系统配套机制四部分构成。刘洪昌（2011）认为战略性新兴产业的选择应充分考虑战略性新兴产业的战略性、关联性、成长性、创新性、风险性和导向性的特点，战略性新兴产业的培育应充分借鉴国外先进经验，在明确自身存在问题的基础上，有针对性地制定培育政策。柳卸林等（2012）认为，光伏产业的发展预示了一条战略性新兴产业发展的新路，中国只有运用新的发展思维，才能快速推进战略性新兴产业的发展。谭中明和李战奇（2012）指出，必须充分了解战略性新兴产业的特殊融资需求和现行金融体系的缺陷，创新商业银行信贷业务模式，成立科技银行，进一步完善资本市场，发展战略性新兴产业债券市场；开发保险新品种，建立战略性新兴产业的保险机制。吕晓军（2012）通过分析战略性新兴产业产生的背景以及战略性新兴产业的主要特征和内容，在战略性自主创新政策指导下，提出了发展我国战略性新兴产业的必要性。林学军（2012）提出战略性新兴产业具有指向性、外部性、创新性、风险性和区域性的特点，多数企业是从高新技术嫁接、传统产业裂变、高新技术与传统产业融合中走上新兴产业的道路，但多数企业中途夭折，难再形成产业。要注重其特性，加强政策的引导与扶持，努力形成具有本国、本地区特色的战略性新兴产业。高保中、白冰洁和王翠霞（2013）运用因子分析法，从产业发展潜力、区位优势、技术创新能力和关联带动能力四个方面选取13个经济指标，客观评价河北省战略性新兴产业的发展水平。刘艳（2013）利用产业集聚度指数（EG 指数）从时间、产业及地理3个维度对战略性新兴产业依托部门的演进态势及其特征进行了细致研究。喻登科、陈华和涂国华（2013）以南昌高新区战略性新兴产业的企业调查为基础，对江西省战略性新兴产业的科技资源投入与产出现状进行了分析，并构建了战略性新兴产业科技资源投入产出效率的评价模型，采用 DEA 方法测度出2010年江西省十大战略性新兴产业科技资源投入与产出的相对效率。李红锦和李胜会（2013）以我国10家 LED 上市公司2008~2010年的面板数据为研究样本，采用随机前沿模型（SFA）对 LED 战略性新兴产业的创新效率进行测算，进而加以对比分析。程贵孙和朱浩杰（2014）利用1998~2010年我国战略性新兴产业21个细分行业面板数据，对民营企业发展战略性新兴产业市场绩效的影响因素进行实证分析，研究结果表明，出口交货值、行业从业人数和国企产值对民营企业发展战略性新兴产业的市场绩效有显著的阻碍作用，而 R&D 经费投入、行业总产值规模和研发新产品产值则显著促进了民营企业发展战略性新兴产业的市场绩效。苑清敏和赖瑾慕（2014）通过分析耦合系统中战略性新兴产业与传统产业的关联性以及影响因子间的耦合效应，研究了战略性新兴产业与传统产业的动态耦合演化机理，并基于系统演化理论，结合 Logistic 曲线方程，分析了战略性新兴产业与传统产业的动态耦合过程及演化趋势。马军伟（2014）采用 Malmquist 效率模型对我国金融支持战略性新兴产业的效率进行测度，并对其影响因素进行了分析。徐晔、闫娜娜和胡志芳（2014）将战略性新兴产业与传统产业的耦合效应评价模型与区位熵灰色关联分析法结合起来，对2004~2013年江西省生物医药产业子系统与农业子系统的耦合效应和产业关联性进行了实证分析。肖兴志和姜莱（2014）利用 DEA-Tobit 两步法测算2000~2010年中国各省能源效率，并将战略性新兴产业相关指标纳入模型，对能源效率的影响因素进行回归分析，并按区域特征差异将29个省分组，研究战略性新兴产业发展对能源效率影响的区域差异。结果表明，战略性新兴产业主要指标的增长提高了能源效率；经济发展水平和资源丰富的区域差异使战略性新兴产业发展对能源效率产生不同影响。杜军、宁凌和胡彩霞（2014）在主导产业选择理论基础上，利用钻石模型，综合考虑海洋战略性新兴产业的特征，提出海洋战略性新兴产业的选择基准，构建了海洋战略性新兴产业的选择评价指标体系。

第二，结合我国海洋产业统计数据，使用主成分分析法对我国海洋战略性新兴产业选择问题进行实证分析。李宝庆和陈琳（2014）在分析长三角区域战略性新兴产业空间演化的基础上，运用耦合度模型对该区域战略性新兴产业与区域经济协调发展的整体情况和分空间情况进行研究，得出该产业与区域经济耦合促进作用非常明显、该产业仍然滞后于区域经济发展水平、区域经济各发展要素对该产业的贡献度不均衡、该产业发展资金投入不足等结论。汪秋明、韩庆潇和杨晨（2014）通过构建政府补贴与企业行为的动态博弈模型，分析了战略性新兴产业中政府补贴有效的条件和影响因素，并选取80家分属七大类战略性新兴产业的上市公司2002~2011年的面板数据对政府补贴有效的影响因素进行了验证。

本书认为战略性新兴产业是关系国民经济长远发展和社会经济全局的产业，具有知识和技术密集、高产出、低污染，初始成本高、发展潜力大、综合效益好等特点，具有很强的带动性和渗透性，是能够带动传统产业发展的产业。但是，创新战略、高素质人才、科研经费的投入、技术进步、市场环境、金融支持、产业结构、政府扶持、对外开放程度以及环境约束等因素会影响战略性新兴产业的发展。

针对如何发展我国战略性新兴产业，众多国内学者提出了自己的见解。彭金荣和李春红（2011）指出中国应该密切关注主要区域集团、发达国家及新兴国家战略性新兴产业的走向及发展态势，在良好发展环境的营造、战略性新兴产业的选择、关键核心技术的掌握、法律监管体系的完善以及政策支持体系的构建等方面借鉴其成功经验，促进中国战略性新兴产业的持续健康发展。刘红玉等（2012）提出在萌芽阶段，战略性新兴产业依赖于政府的宏观引导；在形成阶段，战略性新兴产业依赖于政策引导和市场竞争规律的联动作用；在成熟阶段，战略性新兴产业通过内生发展形成集群效应，充分发挥市场的主导作用。申俊喜（2012）认为要根据战略性新兴产业不同发展阶段的特点，构建基于战略性新兴产业发展的产学研合作。许正中和高常水（2009）指出我国应积极关注西方发达国家关于新兴产业的发展走向及态势，在良好发展环境的营造、战略性新兴产业的选择、关键核心技术的掌握、法律监管体系的完善以及政策支持体系的构建等方面借鉴其成功经验，促进中国战略性新兴产业的持续健康发展。熊勇清和李世才（2010）基于我国当前发展战略性新兴产业的实际需要，论证传统产业培育和促进战略性新兴产业发展的可行性，通过构建三维度的综合评价体系，分析发展战略性新兴产业的决策和区域传统产业转型的路径选择。贾建峰、运丽梅、单翔和张稳（2011）选取5个创新型国家作为研究对象，介绍了其发展战略性新兴产业的经验，研究结果发现，5个创新型国家在发展战略性新兴产业时存在三个共同特征：①资本、人才和技术（即投入要素）是战略性新兴产业发展的主要内部驱动力；②市场容量及其发展前景是战略性新兴产业发展的主要外部驱动力；③政府政策、创新条件与环境、产学研合作等是战略性新兴产业发展的主要保障机制。剧锦文（2011）提出战略性新兴产业在发展初期属于幼稚产业，需要包括政府在内的外力扶持，但政府仍然属于外生性因素，市场调节才是其发展的内生变量。政府应当充分发挥其自身优势，摆正自己的位置并做出正确选择。李姝（2012）基于产业政策、企业发展以及市场培育三个角度，分析了当前战略性新兴产业的发展状况，并提出了发展战略性新兴产业的对策建议。董晓宇和唐斯斯（2013）对国内省级地方政府已经出台的9个战略性新兴产业规划的政策特点和问题进行对比分析，揭示战略性新兴产业发展的一般规律。纪晶华和许正良（2013）的研究结果表明自主创新是发展战略性新兴产业的关键因素，必须通过加强战略性新兴产业的自主创新能力来实现战略性新兴产业的协调可持续发展，进而树立自主创新的价值观，加强自主创新型人才的培养与引进及科技成果转化力度，拓宽战略性新兴产业的融资渠道，并打造全新的产学研创新平台。余雷、胡汉辉和吉敏（2013）认为，战略性新兴产业集群在新的集聚环境下，实现了经济网络、社会网络与创新网络的融合，形成了以创新网络为核心的综合网络，在核心技术的驱动下，向高端自主价值链网阶段、资源利用网阶段发展。蒋珩（2014）认为战略性新兴产业系统是一个开放的复杂系统，其向先导产业和支柱产业进化的过程也是资源配置的过程。薛澜等（2013）从发展动力、发展目标、发展模式、发展主体和发展格局五个角度系统考察了世界范围内战略性新兴产业的发展趋势与特征，分析美国、欧盟各国、日本、韩国、巴西、印度、俄罗斯等主要国家的产业发展状况。之后，归纳了各国在产业发展过程中所制定的国家战略、发展目标和针对性政策。顾强、董瑞青（2013）分析了国外有关战略性新兴产业的研究成果，继而从战略性新兴产业的内涵特征界定、与传统产业互动关系、自主创新、商业模式创新、财税政策、金融政策、产业政策、体制机制创新、统计评价指标体系九个方面，全面梳理了战略性新兴产业的相关研究成果，并给出了相应的总结和评价，以期对战略性新兴产业发展发挥正确的导向作用。赵玉林和石璋铭（2014）基于改进的 Wurgler 方法，结合战略性新兴产业自身的特点，考察了当前中国战略性新兴产业资本配置效率水平，以及战略性新兴产业面临的融资约束与产业的技术效率对资本配置效率的影响。韩霞和朱克实（2014）对我国战略性新兴产业发展的政策取向进行了分析，研究表明，在具体的政策选择上，要优化研发投入结构，整合行业研发资源；加强组织协调与合理规划，推动产业良性发展；强化知识产权助推战略，完善产业发展促进机制。马亚静（2014）认为战略性新兴产业四个生命周期阶段具有不同特征，相应产业态依次表现为幼稚产业、主导产业、支柱产业和衰退产业，不同产业态对经济的影响程度不同，政策需求也有所不同。为了促进战略性新兴产业发展，应根据财税政策的不同着力点以及作用方式，制定差异化的财税政策，在四个生命周期阶段依次采取财税扶持政策、财税促进政策、财税保护政策以及财税援助政策。岳中刚（2014）提出要以专利和标准战略构建自主技术链，避免产业发展陷入"技术空心化"；以商业模式创新整合自主产业链，避免技术创新进入"尘封的殿堂"。何涛（2014）在分析战略性新兴产业发展背景和特点机理基础上，重点探讨了促使我国战略性新兴产业发展的财税政策。胡汉辉和周海波（2014）探究当下我国应如何避免陷入战略性新兴产业发展陷阱，梳理国内外对于新兴产业发展陷阱的已有研究，分析战略性新兴产业发展陷阱的表现形式，然后探析陷阱的可能成因，最后对我国科学合理地发展战略性新兴产业提出建议：我国需要立足现实，保持冷静，通过自主创新来推动战略性新兴产业的发展。宋德金和刘思峰（2014）提出了指标体系构建的一般流程和建立战略性新兴产业评价指标体系应当遵循的原则，运用层次分析法（AHP）和专家调查相结合，建立了战略性新兴产业评价指标体系，确定了各指标的权重。对多指标加权灰靶综合决策评估模型的算法步骤进行梳理，并根据所建立的战略性新兴产业评价指标体系和多指标加权灰靶综合决策评估模型对某省 6 个备选的战略性新兴产业进行综合评价，明确了各产业的优先顺序，所得结果可以作为政府进行战略性新兴产业选择决策的依据。胡迟（2014）认为，为了有效支撑战略性新兴产业可持续健康发展，更好实现 2020 年战略性新兴产业的成长目标，必须构建多形式、多渠道的投融资体系与制度安排，与战略性新兴产业发展的不同阶段、不同产业链环节的不同金融需求相适应，并在动态上实现有效转换。谯薇、宋金兰和黄炉婷（2014）界定了创新政策的内涵，对创新政策的理论基础及研究现状进行了论述，并以四川省为例，对战略性新兴产业发展的创新政策进行详细梳理与评述，并提出了推动战略性新兴产业发展的创新政策建议：建立战略性新兴产业自主创新体系，完善战略性新兴产业资金扶持体系，发展战略性新兴产业中介服务体系，构建战略性新兴产业人才储备机制，健全战略性新兴产业知识产权保护制度，完善战略性新兴产业风险管理体系，健全战略性新兴产业利益协调机制。武建龙和王宏起（2014）从模块化视角，分析战略性新兴产业技术创新特征以及实现重大技术突破的动力与阻力，综合理论分析与案例论证，系统构建战略性新兴产业突破性技术创新路径：外围模块高端渗透路径、关键模块重点突破路径、架构规则颠覆重构路径和模块—架构耦合升级路径，并给出不同路径间差异性及适用条件，旨在为我国战略性新兴产业突破技术瓶颈和实现对发达国家技术赶超，提供理论支持与决策参考。

1.5.2 环境技术效率的研究现状

（1）环境技术效率的测度研究。随着环境问题的日益突出，环境因素对经济增长的直接或间接影响也越来越大，考虑环境规制下的技术效率已成为国内外学者竞相研究的对象。国外研究学者给出了环境技术效率的定义，并提出了环境技术效率的几种测算方法，同时也进行了实例的测算和分析。如 Luenberger（1995）将污染排放看作"坏产出"，运用环境方向性距离函数和数据包络分析方法定义了环境技术效率。Reinhard（2000）指出数据包络分析与随机前沿分析是用于环境技术效率测算的常用方法。Rolf Fare 等（2007）提出了环境技术度量在最优技术结构下环境产出的可能前沿。Watanabe 和 Tanaka（2007）基于 1994~2002 年中国省际工业样本数据，采用方向性产出距离函数检验了其环境效率。Sueyoshi 等（2011）基于前任的研究成果，提出了环境

RAM（Range Adjusted Measure）模型，这个模型不仅是非角度和非径向的，而且避免了对其进行主观模型参数的设定，有效实现了包含环境因素在内的效率测度。Fare 等（2012）运用方向性距离函数对 1985~1998 年美国燃煤发电企业污染排放物的影子价格进行测算，发现发电企业排放的 SO_2 与 NO_x 之间存在相互替代的关系。

在国外研究学者的基础上，国内学者也开始对环境技术效率进行了研究。但国内学者更侧重于环境技术效率的实证分析。胡鞍钢等（2008）在环境约束下，运用方向性距离函数模型分析了技术效率度量与经济增长方式之间的关系。庞瑞芝等（2011）采用 SBM 方向性距离函数法，对中国 1998~2009 年省际规模以上工业企业的内涵型增长效率的考察结果显示：忽视资源与环境约束的传统效率评价方式对中西部地区工业增长存在效率高估。徐晔（2012）用方向性距离函数比较分析了 2003~2010 年中国制造业不同行业以及不同地区的环境技术效率，并实证研究了制造业环境技术效率影响因素。卞亦文（2012）考虑经济生产和污染物处理两个子系统，引入非合作博弈思想，提出能够同时评价整体效率和子系统效率的两阶段非合作博弈的环境效率评价的 DEA 方法，并进行实证分析。石风光（2013）基于中国各地 1985~2010 年相关数据，运用综合考虑能源和环境因素的 DEA 模型测算了其环境技术效率，同时对各地区环境技术效率进行了随机收敛性检验。孙才志和赵良仕（2013）基于省际水足迹和灰色水足迹等地面板数据，利用带有"非期望产出"的数据包络分析方法计算出中国省际的水资源利用环境技术效率，利用聚类方法与探索性空间数据分析（ESDA）方法研究了水资源利用环境技术效率空间分布特征。环境治理效率是环境治理的投入与污染物减少量的比值大小。涂正革和谌仁俊（2013）将工业生产过程分为生产、环境治理两个环节，基于网络 DEA 的方向性环境距离函数方法，使用中国 1998~2010 年的省级工业数据，考察工业环境治理效率。结果发现：传统 DEA 方法测度的环境技术效率与网络 DEA 方法测度的环境技术效率存在显著差异；环境治理效率对网络 DEA 方法测度的环境技术效率有显著的正效应，说明传统方法测度的环境技术效率低估了环境治理效率。韩海彬（2013）应用非径向并且非角度的 SBM 模型对中国 29 个省份 1993~2010 年的农业环境技术效率进行评价。岳立和王晓君（2013）在距离函数对技术效率分析的基础上，构造了兼顾环境污染和碳排放的非合意产出指标，从无规制、弱规制和强规制三个层次测算了 2001~2010 年环境规制强度对我国农业技术效率的作用效果，并通过 ML 指数及其分解分析了全国以及三大区域的农业效率驱动及抑制因子，借以明确不同区域未来农业环境规制建设的努力方向。结果表明：环境规制对我国农业生产效率的作用效果具有鲜明的地域性，西部应是未来农业环境规制建设重点关注的区域；全国及各区域农业生产效率的驱动因子和抑制因子各不相同，各地应有针对性地加强环境规制建设，充分发掘各因子对农业技术效率提升的潜力。杨骞和刘华军（2013）对环境技术效率、规制成本与环境规制模式进行研究，发现经济发展水平、外商直接投资、能源结构、要素禀赋、污染治理能力等因素对不同地区环境技术效率存在不同的显著性影响。东部地区宜采取较为严格的环境规制模式，中西部地区宜采取由松到紧、逐步过渡的环境规制模式。张庆芝、何枫和雷家骕（2013）运用 Undesirable-SBM 模型，将钢铁企业能耗、水耗及非期望产出纳入效率评价模型，对 2006~2010 年我国重点大中型钢铁企业技术效率进行综合评价，发现能源、水资源和环境约束下我国钢铁企业技术效率总体不高，低效率广泛存在于钢铁企业中，并且近年来钢铁企业之间效率差距有扩大趋势。陈玉桥（2013）通过构建环境污染综合指数，采用 SBM 非期望产出模型测度了我国 29 个省市 2000~2009 年环境技术效率。在此基础上运用探索性空间数据分析，结果发现省域间环境技术效率存在显著的空间依赖性，其自相关性已不容忽视。张明亲和张腾月（2013）对陕西装备制造业 7 个行业 2001~2010 年来的工业技术效率值进行测算，发现近年来发展比较迅猛的专用设备制造业及交通运输设备制造业在发展过程中与资源、环境的协调性较差。高丽峰和于雅倩（2014）采用数据包络法分析了辽宁省装备制造业的技术效率，发现辽宁省装备制造业总产值在全国工业总产值中所占比例偏低。辜子演（2014）采用 DEA 和 Malamquist 指数方法从静态和动态两方面对环境视角下中国工业效率进行测度和对比分析，研究表明：在样本期间，不考虑环境污染会高估我国工业经济的增长。李伟娜和徐勇（2014）采用 2001~2011 年中国 30 个省份的面板数据，实证检验制造业集聚与环境技术效率之间的关系。全样本回归结果表明：制造业集聚与环境技术效率呈倒 U 形关系，人均消费水平与环境技术效率也呈倒 U 形，科技投资和企业环境管理能力与环境技术效率显著正相关，工业结构和能源消耗与环境技术效率显著负相关；东、中、西部地区的制造业集聚与环境技术效率之间的关系具有较大差异性。政府应针对各区域制造业集聚发展阶段及特征制定相应政策，促进环境技术效率水平的提高。孙才志、赵良仕和邹玮（2014）利用带有"非期望"产出的数据包络分析方法测度了1997~2010年中国31个省市区的水资源全局环境技术效率，并与未考虑"非期望"产出的数据包络分析方法测度水资源技术效率进行了对比；运用空间计量模型研究了考虑"非期望"产出的中国省际水资源全局环境技术效率和未考虑"非期望"产出的技术效率的空间效应。研究发现这两种情况下的中国省际水资源技术效率都具有显著的空间自相关性；通过 LM 检验和稳健 LM 检验，中国省际水资源技术效率存在空间依赖性和异质性，借助于空间滞后模型和空间误差模型进一步研究，发现中国省际水资源全局环境技术效率和技术效率的主要影响因素及其影响方向存在很大差异，考虑"非期望"产出的全局环境技术效率是对中国水资源利用效率一种科学合理的测度，而未考虑"非期望"产出的技术效率测度存在误导和偏差。徐晔、胡志芳（2014）将 Global Malmquist-Luenberger 指数与方向性距离函数相结合，测算了 2009~2012 年鄱阳湖生态经济区十大战略性新兴产业的环境技术效率，并将环境全要素生产率的变动情况分解为技术进步指数和效率改进指数两个方面，最后运用面板 Tobit 模型对影响鄱阳湖生态经济区战略性新兴产业环境技术效率的因素进行分析。屈小娥（2014）基于 DEA-SBM 模型，测度了节能减排约束下工业行业的环境技术效率，检验了环境技术效率的收敛性和门槛效应。结果表明：我国工业行业环境技术效率总体偏低，但大多数行业环境技术效率都有不断提高的趋势，存在向环境技术前沿的追赶效应。林杰、赵连阁和王学渊（2014）采用 DEA-BadOutput 模型测度了 18 个省份 2007~2011 年不同规模生猪养殖在水资源约束下的环境技术效率。研究结果表明：水资源投入过度、非合意产出过量、养殖规模偏小是造成一些省份环境技术效率低下的主要原因，水资源禀赋偏低区域的环境技术效率也偏低。盛鹏飞、杨俊和陈怡（2014）运用非径向方向性距离函数和 TOPSIS 分析方法构建了经济增长效率和碳减排技术效率及两个指标的协调度指标。基于中国 1998~2010 年 29 个省的数据进行了实证研究。结果表明：中国经济增长技术效率在总体上处于下降趋势，而碳减排技术效率相对于经济增长效率还存在较大差距，中国普遍存在碳减排滞后于经济增长的现象，但中国部分省份已经开始逐渐从碳减排严重滞后于经济增长转向碳减排与经济增长协调发展。汪旭晖和文静怡（2015）以 2003～2011年我国 23 个省、市、自治区的面板数据为观测样本，采用随机前沿方法对比分析了不同区域的农产品物流效率。

目前国内外关于技术效率的文献有很多，通过归纳发现技术效率的测量方法主要分为两大类：参数法和非参数法。其中，参数法中的典型代表是 Aigner 等（1977）、Meeusen 和 Broeck（1977）各自独立提出的随机前沿分析（SFA）方法；非参数法的典型代表是 Charnes 等（1978）提出的数据包络分析（DEA）方法。两者各有优缺点，随机前沿分析首先需要设置前沿生产函数，随后使用计量分析方法对前沿生产函数进行估计，优点是消除了各种随机因素对前沿生产函数部分的影响，缺点是该方法对函数形式的设定和误差项的分布假设要求比较严格，应用范围受到一定限制。数据包络分析的优点是无须设定生产函数的具体形式，只需知道投入产出变量，就可直接通过线性规划求解得到最优投入产出函数，进而判断决策单元是否位于有效生产前沿面上，避免了因生产函数设定不当带来的误差，缺点是未考虑随机误差，同时对生产过程也没有任何的描述。

由于环境技术效率的特殊性，其研究方法与传统技术效率的研究方法会有所不同。总结起来，环境效率测度的非参数方法在其发展过程中使用最广的有六种。早期的文献中常用的有 Hailu 和 Veeman（2001）的投入法，是把非期望产出视为投入进行处理。Scheel（2001）和 Zhu 等（2003）提出了倒数转换处理办法，即把非期望产出取倒数后等同于期望产出。以上这两种方法与实际的生产过程相悖，不能反映出生产实质，从而导致其测度结果往往存在一定的偏差。Seiford 和 Zhu（2002）使用转换向量法，即对非期望产出乘以"－1"，进而将所有负的非期望产出都变换成正值，主要的方法是通过寻找一个转换向量。Tone（2003）提出了 SBM 模型（即基于松弛测度的 DEA 模型），这是一种非角度和非径向的度量方法，能够有效地避免角度和径向选择的差异所带来的测度偏差。

（2）环境全要素生产率研究。国内学外者也对环境全要素生产率进行了实证研究。Malmquist 生产率指数由 Malmquist 于 1953 年首先提出，后由 Caves 等扩展为生产率指数。在此基础上，Y. H. Chung 等（1997）基于方向性距离函数定义了 Malmquist-Luenberger 生产率变化指数，此后很多学者采用 ML 指数对生产率进行研究。陈茹等（2010）基于2000~2007年东部工业样本数据，在考虑有无SO_2排放的情况下，采用ML生产率指数，分别测算了其效率、生产率增长及其成分的增长率，并对环境管制带给企业的成本进行了估算。王兵和吴延瑞等（2010）运用SBM方向性距离函数和Luenberger生产率指标测度了考虑资源环境因素下的环境效率、环境全要素生产率及其成分，并对影响环境效率和环境全要素生产率增长的因素进行了实证研究。学者们也对环境全要素增长指数的研究方法进行了改进。赵伟和马瑞永等（2005）依据全要素生产率变动的分解模型，使用Malmquist生产率指数以中国各地区1980~2003年的面板数据对全要素生产率变动、技术效率变动以及技术变动进行实证研究，并对中国各地区间技术效率的收敛性做出分析。吴军（2009）、杨俊等（2009）将环境污染因素纳入全要素生产率的分析框架，采用ML指数测算并分解了考虑非期望产出的情况下中国1998~2007年各省市工业全要素生产率的增长，并对其收敛性进行了检验。Oh D. H. A（2010）构建了ML指数的替代方法，与方向性距离函数相结合得出Global Malmquist-Luenberger（GML）指数测算方法。李小胜和安庆贤（2012）利用1998~2010年中国工业36个两位码行业投入产出数据，利用方向性距离函数方法和Malmquist-Luenberger指数方法研究了环境管制成本和环境全要素生产率。研究发现，中国工业行业的环境管制成本较高，为履行排放承诺，中国经济付出较大的代价。董敏杰、李钢和梁泳梅（2012）将卢恩伯格生产率指数与基于松弛的效率损失测度法相结合，按照投入要素与产出对工业环境全要素生产率指数进行分解，测度中国工业环境全要素生产率的来源。研究表明，2001~2007年中国工业环境全要素生产率有所提高，但受国际金融危机的影响，在2008年下降；工业环境全要素生产率的来源表明，加强污染治理可以有效提升工业环境全要素生产率。匡远凤和彭代彦（2012）运用广义马姆奎斯特指数与随机前沿函数模型相结合的方法，对我国在考虑环境因素下的生产效率及全要素生产率在1995~2009年的增长变动状况进行了研究。发现相比传统生产效率，环境生产效率能够体现环境问题给生产效率带来的损失，且更能反映省际间在资源利用上的效率差异；环境全要素生产率增长在通常年份中大于传统全要素生产率增长，这与我国在这些时期所进行的较有成效的节能减排工作密切相关。李兰冰（2012）应用DEA四阶段模型，将全要素能源效率（TFEE）解构为全要素能源管理效率（TFEME）和全要素能源环境效率（TFEEE），对 2005～2009 年中国省级区域的能源效率现状、成因与提升路径进行了实证分析。研究表明：我国全要素能源效率总体上仍处于较低水平，能源节约潜力大约为能耗现值的 30%～40%；管理无效率和环境无效率是能源低效的共同成因。王维国等（2012）利用 ML 生产率指数方法测算了 1997～2009 年我国 30 个省市的物流产业在环境约束下的全要素生产率，并借助三阶段 DEA 模型分析物流外部营运环境条件对我国物流产业效率变化的影响，研究结果表明：非考虑非期望产出时，将会高估物流业全要素生产率的增长状况。齐亚伟和陶长琪（2012）探究了 2000～2009 年我国省域的环境效率及环境全要素生产率变动状况，得出在 GML 指数和方向性距离函数下，普遍呈现区域环境无效率和分布差异大的特点。徐晔和周才华（2013）采用方向性距离函数和 GML 指数对我国生物医药产业的环境技术效率进行测度，并对其环境全要素生产率进行分解，得出我国生物医药产业环境技术效率偏低，并且技术效率的增长主要源于技术进步的结论。蔡宁、吴婧文和刘诗瑶（2014）结合方向性距离函数的环境绩效 ML 指数，以 2001～2011 年我国 30 个省市环境规制及工业经济的数据为基础，测算各省市绿色工业全要素生产率。刘慧媛、吴开尧（2014）基于 SBM 方向性距离函数测算了中国区域经济的环境技术效率，使用卢恩伯格生产率指数测算了区域经济的环境全要素生产率，结果表明：产出没有出现环境无效率，而由能源投入和污染排放所产生的无效率值合计为 0.2202，约占到环境无效率总量的 71.82%；东部地区的环境技术效率始终最高，中部次之，西部最低；纯技术进步仍是环境全要素生产率的最大贡献因素。韩海彬、赵丽芬和张莉（2014）基于 1993～2010 年中国农村面板数据，核算了农业环境全要素生产率以及农村总量和异质型人力资本。在此基础上，利用动态面板数据的 GMM 方法检验了农村人力资本对农业环境全要素生产率的影响。李小胜、余芝雅和安庆贤（2014）利用中国 30 个省份 1997～2011 年经济增长和污染排放数据，利用考虑环境的数据包络模型研究了环境全要素生产率指数及其分解。研究发现：考虑环境因素的全要素生产率指数年均增长 2.94%，环境全要素生产率指数的增长主要来自技术进步指数。梅国平、甘敬义和朱清贞（2014）从区域空间关联视角出发，将资源环境约束纳入全要素生产率分析框架中，测度了我国 29 个省级地区 2001～2011 年全要素生产率的变动及其区域非均衡性，并在此基础上构建空间计量模型对影响全要素生产率的因素进行了实证研究。研究发现：各省区普遍处于环境无效率状态，资源环境约束下我国全要素生产率总体呈现较为明显的"增长效应"及空间非均衡性，能源消费结构、要素禀赋等因素对全要素生产率有不同程度的影响。刘建国和张文忠（2014）运用空间计量模型对1990~2011年中国全要素生产率进行研究，发现此间中国省域全要素生产率在大部分年份呈现了空间自相关性，表明这22年间中国省域全要素生产率并不是完全的随机状态，受其他区域的影响。进一步运用空间计量经济模型从空间维度探究了区域全要素生产率的影响因素。张纯洪和刘海英（2014）将地区发展不平衡因素作为不可控变量，并将其纳入三阶段DEA调整模型，结果表明，地区发展不平衡因素带来了地区工业的"追赶效应"和绿色技术进步，促进了工业经济绿色全要素生产率增长，但这种增长是以地区工业绿色全要素生产率差距扩大为代价。从长期发展来看，如果放任地区工业不平衡发展，并以此形成路径依赖，则地区工业绿色全要素生产率的差距会持续扩大。查建平、郑浩生和范莉莉（2014）在考察2004~2011年我国工业经济增长方式及环境规制强度变化特性的基础上，对环境规制与工业经济增长方式之间的关系进行了分析。

（3）收敛性分析。本书在对战略性新兴产业环境技术效率进行测度以及环境全要素生产率进行分解之后，对环境技术效率的收敛性做出分析。关于收敛性也存在许多的研究，有很多收敛检验方法，没有一种方法有绝对的优势，但可以给出参考作用。如Barro等（1992）对收敛进行了一系列的研究。王启仿（2004）对中国区域经济增长的经验研究表明：1978~1990年存在 σ 收敛格局，而1990年以后不存在 σ 收敛；1978~2000年存在条件 β 收敛趋势；绝对 β 收敛趋势存在与否也存在着争议；均认为我国存在明显的区域经济增长的"俱乐部"收敛现象，但对其产生的原因则各抒己见。金相郁（2006）将区域经济增长收敛的分析方法总结为 σ 收敛、β 收敛、概率收敛，并加以说明和评价，认为不同的分析方法都具有各自的优点和弱点，区域经济增长的收敛分析应该利用多种分析方法，才能得出较正确的结果。林光平、龙志和和吴梅（2006）使用25年人均GDP数据，利用空间经济计量方法，分析中国28个省域经济发展的 σ 收敛情况。结果发现，省区间相关性尤其是经济间的相关性，能够显著纠正采用传统方法进行 σ 收敛研究的误差。Jefferson等（2008）通过索洛余值法测算了我国 1998~2005 年规模以上工业企业的全要素生产率, 认为技术和效率已经在我国工业部门内得到很好的传播和扩散, 企业的进入和退出促进了中国工业全要素生产率的增长并加快了内陆省份生产率对沿海地区的追赶。郭鹏辉 (2009) 构建空间计量经济学模型分析了我国 29 个省域的面板数据来探究我国省市经济的收敛性。潘文卿 (2010) 研究表明, 中国不存在全域性的 σ 收敛, 全域性的 β 绝对收敛趋势也不明显, 但却存在着东部与中部两大 "俱乐部" 收敛的趋势, 而西部地带的收敛特征并不显著。张晨峰 (2011) 在经济增长收敛性理论的基础上, 分析了目前我国区域经济收敛性研究的结果, 指出中国经济区域的条件收敛得到了学者的普遍支持, 并且在考虑空间相关性后, 区域间存在着更强的收敛性。石风光、周明 (2011) 采用超效率 DEA 模型对中国 1985~2007 年各地区的技术效率进行测算, 同时利用协整技术对技术效率进行随机收敛性检验。何雄浪、郑长德和杨霞 (2013) 运用空间计量模型, 对 1953~2010 年区域经济增长的绝对收敛和条件收敛分别进行研究, 分析表明区域的空间相关性逐渐增强, 经济增长的绝对收敛性不存在, 只存在考虑人力资本和财政政策的条件收敛。孙东和卜茂亮 (2014) 基于 DEA 方法, 采用 2002~2011 年省际面板数据, 计算了我国 31 个省域创新系统效率, 并用收敛检验方法, 从全国、东、中、西部 4 个维度, 分析了区域创新系统是否趋同。陈东景、于庆东和肖建红 (2014) 对节水型社会建设前后的山东省水资源使用效率变化及其收敛性进行了研究。

(4) 环境技术效率的影响因素研究。国内学者在研究技术效率的同时, 也对技术效率的影响因素进行了相应的研究。边瑞霄 (2008) 采用 DEA 方法测算了高新技术产业中的 17 个子行业的技术效率, 并运用 Tobit 回归方法, 对中国高新技术产业技术效率及其影响因素进行了实证分析。王兵和王丽 (2010) 基于中国 1998~2007 年各地区工业样本数据运用方向性距离函数和 ML 指数方法测算了环境约束下技术效率、全要素生产率指数以及环境规制成本, 并对影响全要素生产率增长和技术效率的因素进行了实证分析。沈可挺和龚健健 (2011) 以 "九五" 至 "十一五" 时期中国高耗能产业为研究对象, 采用方向性距离函数和 DEA 方法测算了其环境全要素生产率 (ETFP), 并考察了高耗能产业 ETFP 的行业和省际差异, 随后对其影响因素进行了实证分析。杨礼琼和李伟娜 (2011) 基于 2001~2008 年中国制造业面板数据, 运用方向距离函数对其环境技术效率进行了测算，针对专业化聚集带来的马歇尔外部性和由多样性聚集带来的雅各布斯外部性，采用面板数据模型实证分析了二者对环境及工业协调性的影响。高歌和王元道（2011）采用1995~2005年世界117个国家和地区的经济、环境数据，对全要素环境技术效率进行了测算和比较，并对其影响因素进行了分析。研究发现：虽然近几年中国环境效率的上升趋势明显，但无论是与发展阶段还是经济规模相似的国家相比，我国的环境效率仍存在较大的差距。此外，环境效率与收入水平之间存在倒N形曲线关系，经济发展阶段是影响我国环境效率的重要因素。李燕萍和彭峰（2013）在核算我国省际高技术产业污染排放的基础上，运用方向性距离函数测度产业环境技术效率，并构建面板模型分析开放经济条件下环境技术效率影响因素。白永平等（2013）从非期望产出角度运用SBM模型测度沿黄九省（区）2001~2010年的环境效率静态水平，通过Malmquist生产指数模型分析沿黄九省（区）环境效率的动态变化趋势，通过Tobit回归分析方法探讨影响沿黄九省（区）环境效率的影响因素。郭文慧、吴佩林和王玎（2013）利用非期望产出的SBM模型分析得到山东省1995~2011年各年度碳排放效率，最后通过时间序列方法考察其影响因素。肖芸、赵敏娟（2014）以陕西省关中地区高陵县、泾阳县、岐山县3个地区农户为研究对象，运用随机前沿分析方法测算生产技术效率，并对外生影响因素变量进行Tobit回归分析。毛润泽、赵磊（2014）采用面板数据随机前沿分析方法（SFA）实证分析了中国旅游发展对经济增长技术效率的影响机制及其区域差异。岳意定、刘贯春和杨立（2014）将环境因素细分为员工工作环境和管理环境两类，提出了一种基于随机前沿分析（Stochastic Frontier Analysis）技术的四阶段模型。通过对比剔除管理环境因素前后的技术效率，得到动态经营管理效率（Management Efficiency），并进一步利用四阶段SFA模型对2002~2010年我国省际技术效率和政府管理绩效进行了测算。王志平、陶长琪和沈鹏熠（2014）把环境、资源因素纳入传统技术效率测算框架：通过引入生态足迹变量，来表征自然资源投入。借鉴绿色GDP核算的思想，利用绿化指数对传统产出进行调整，以表征绿色产出；结合资本存量及有效劳动力指标，基于SFA模型测算出我国2001~2010年省级单位的绿色技术效率，进而从技术、制度、产业层面进行因素分析。苏洋、马惠兰和李凤（2014）以新疆阿瓦提县216户农户调查数据为依据，运用DEA

方法测度碳排放视角下的技术效率，并运用 Tobit 模型对农户技术效率的影响因素进行分析。范建双、虞晓芬（2014）采用两种不同假设下的随机边界生产函数模型测算了 1998~2010 年中国省际建筑业技术效率及其与外部环境因素之间的关系。同时对技术效率的区域差异进行了趋同性检验。

1.5.3 驱动力机制的研究现状

驱动力机制的研究可从内部驱动力和外部驱动力两方面开展，内部驱动力分析在于技术创新的研究，外部驱动力分析在于创新网络的研究。

国外学者从不同的角度对技术创新进行了研究。如 Bo Carlsson 等（2002）从国家、地区、部门和技术等层面对创新系统概念进行了方法论的分析。C. Rose-Anderssen 等（2005）认为创新系统是一个进化的复杂系统，具有复杂性、进化性和不连续性。Sheri M. Markose（2004）利用计算机理论对创新系统的复杂系统动力机制进行了模拟。F. W. Geels（2005）从共同进化的角度解释了系统创新是如何通过技术和社会的相互影响产生的。Stephanie Monjon 等（2003）基于法国企业的样本数据，从知识管理角度对创新系统中大学对企业的技术溢出和知识扩散进行了分析。Elaine Ramsey 等（2007）采用投影技术对国家政策的形成进行了评估，并研究了技术创新的支持机制。Ramin Halavati 等（2009）提出了一种基于共生起源自然过程的规则的进化算法，该算法的共生组合算子代替了传统遗传算法中性别重组算子，对基于规则的分类器系统的创新演化进行了分析。Vittorio Chiesa 等（2011）基于一个在高技术市场失败的例子，对商业化技术创新进行了研究。Henry 和 Chesbrough（2012）提出了开放式创新的两种重要方式，即公司与外界（包括供应商、客户等）的合作，引入外界的一些好的想法和技术，将其应用于自己的业务之中，由此形成了"由外到内"和与之逆向的"由内到外"。

国内学者更多侧重于技术创新的实证研究和机制研究。在实证研究方面有肖兴志和谢理（2011）采用 SFA 模型测算了 2000~2008 年中国的战略性新兴产业的创新效率，并采用面板 Tobit 模型分析了企业规模、不同的创新方式以及不同产权结构对创新效率的影响。陆国庆（2011）基于中小板市场上市公司 2006~2008 年的样本数据，实证研究了创新绩效与创新投入产出、创新环境以及产品毛利率之间的关系。机制研究方面有张国强（2010）从内外部动力因素两方面出发，剖析了企业技术创新动力因素及其相互关系。李光泗和沈坤荣（2011）围绕技术创新能力，研究了我国经济增长中技术进步路径演变与技术创新动力机制问题。刘美平（2011）基于战略性新兴产业技术创新路径的视角，通过分析战略性新兴产业技术创新制约因素，提出了技术创新路径的共生模式。高常水（2011）则从动态博弈角度出发，探讨了技术创新模式的动力机制。李华军、张光宇和刘贻新（2012）运用 SNM 理论归纳了战略性新兴产业创新系统的理论架构，构建了战略性新兴产业创新系统及相关模型。高萌泽（2008）则从生态学的角度，构建了基于 Logistic 模型的社会生态系统企业集群的产量增长模型、企业数量增长模型和共生演化模型。蒋兴华等（2008）基于系统工程理论方法，构建了区域产业技术自主创新系统模型。胡浩、李子彪和胡宝民（2011）基于区域创新系统创新极共生演化模式，采用生态学方法建立了多创新极共生演化动力模型。邬龙和张永安（2013）应用 SFA 方法将创新效率分为技术创新效率和创新产品转化效率两个阶段，并以北京市信息技术和医药两大代表性战略性新兴产业为例对其创新效率进行比较分析。研究表明，信息技术产业创新效率逐年快速提升，但科研人员水平和配置出现"瓶颈"，不利于高水平创新发展。医药产业虽然技术创新效率较高，但创新产品转化效率较低，产业缺乏市场竞争力和创新动力。曹兴、张云和张伟（2013）用系统分析法分析了战略性新兴产业自主技术创新能力形成的关键因素，通过构建因果关系图，揭示了系统内部各要素之间的相互关系和循环作用过程。结果表明，科技人才、创新环境和合作创新与创新产出之间均存在明显的正相关关系。付苗、张雷勇和冯锋（2013）从共生单元构成、共生关系形成、共生界面分布以及共生网络结构等方面对我国产业技术创新战略联盟的组织模式进行了实证研究，指出产学研共生网络理论在研究产业技术创新战略联盟方面具有独特的优势和方法论的价值。陶永明（2014）基于 262 家企业的问卷调查数据，采用结构方程模型（SEM）对企业技术创新投入、对技术创新绩效的影响作用与机理进行了实证研究。研究结果表明，企业技术创新投入通过吸收能力和技术创新能力的中介作用，间接地影响技术创新绩效。赵红梅（2013）认为制度创新可以保证技术创新的顺利进行，技术创新又可以反过来引致制度创新，从而实现政府和企业的双赢。产权制度的核心专利制度将技术创新外部性内在化；科技制度通过促进产学研合作网络的建设促进并规范创新主体的研发活动；金融制度对创新活动具有节约功能、约束功能、激励功能、稳定功能的作用。政府应当完善产权制度、科技制度、金融制度，为各创新主体构造有效的激励机制、稳定的运作机制和技术创新系统的保障机制。张枢盛和陈继祥（2014）通过对四个典型海归企业的案例分析，认为国外社会网络和国内社会关系网络通过组织学习促进了海归企业的技术创新和绩效，而且国外社会网络是海归企业所独有的竞争优势所在。李永、孟祥月和王艳萍（2014）选择2003~2010年上海市大中型工业企业32个行业的面板数据，基于多维行业异质性视角，考察政府R&D资助对企业技术创新的影响。研究表明，政府R&D资助带动了企业R&D投入增长，但直接资助的绩效由于未考虑内生性而被整体高估，并存在较大的行业差异，研发强度越高，企业规模越小，资助绩效越好。而研发强度高、国资比重低的行业具有更高的创新产出效率。王宏起、田莉和武建龙（2014）运用模块化理论，构建战略性新兴产业突破性技术创新路径："外围模块—核心模块"路径、"核心模块—架构规则"路径和"架构规则—核心模块"路径，为我国战略性新兴产业开展突破性技术创新提供了理论支持和决策参考。李煜华、武晓峰和胡瑶瑛（2014）在战略性新兴产业创新生态系统主体关系和系统运行方式的分析基础上，运用Logistic方程构建创新生态系统内企业和科研院所协同创新模型，分析其协同创新稳定性及条件。在此基础上，提出优化共生单元、选取共生模式、培育共生环境及建立协同创新共生界面是实现创新生态系统稳定协同创新的重要途径，并提出了相应的协同创新策略。吕富彪（2014）首先论述了区域产业集群技术创新体系建设的必要性，并在此基础上分析了产业集群对技术创新的优化以及技术创新对产业集群的贡献，进而提出了两者之间生态式发展的互动模式。顾环莹（2014）针对技术创新战略协同性不强、产业技术创新质量不高和创新管理效率偏低等问题，提出应通过推进科技创新制度顶层设计来构建战略性新兴产业产学研协同创新体系，增强产学研合作的协同性；完善创新责任与利益分配机制，增强创新主体创新积极性；加强产学研合作公共服体系建设，推进产学研协同模式创新。武建龙和王宏起（2014）基于模块化视角，分析战略性新兴产业技术创新特征以及实现重大技术突破的动力与阻力，综合理论分析与案例论证，系统构建战略性新兴产业突破性技术创新路径。吴绍波、龚英和刘敦虎（2014）提出战略性新兴产业的知识创新链要实现协同创新，既可以采取建立产品平台的方式，也可以采取公开技术标准接口，推广技术标准的方式。知识创新链可以采取构建知识创新链的共生创新系统、选择合适的合作伙伴、公平合理地分配利益、加强成员之间的信任等手段提高协同创新效率。李长青、姚萍和童文丽（2014）利用微观企业数据，通过技术创新的投入指标、产出指标、效率指标和基于 DEA 的 Maluquist 生产率及其分解指标，对污染密集产业中不同类型企业的技术创新能力进行对比分析，探寻不同所有制企业对污染密集产业可持续增长的贡献。

关于创新网络的研究，最早由国外学者 Imai 和 Baba（1991）提出创新网络的概念：网络组织是为应付系统性创新的基本制度安排，网络是一群拥有一个与其组成成员紧密与松散联结的核心的松散耦合的组织。虽然，现有研究对网络的定义很多，但是 Freeman（1991）只认可 Imai 和 Baba 的观点，认为他们抓住了创新网络的核心所在，并从创新的视角扩充了两者关于创新网络类型的划分。随后，一些学者也陆续提出了关于创新网络的不同的见解。Koschatzky（1999）给创新网络下了个定义，认为其是一个相互耦联的系统，这个系统具有正式性、松散相对性、再次组合性以及嵌入性的特征。Joan E. Van Aken 等（2000）认为创新网络是一个网络组织，该组织参与了工艺或者产品的创新过程，它又是一个相互耦合的系统，并通过持久和选中的商业相互连接，这些商业组织具有在法律地位上的平等性以及自主性。Allen（2000）认为创新网络是各类复杂关系的总和，这种复杂关系是其他各类组织在企业创新过程中形成的。Dhanaraj 和 Parkhe（2006）指出创新网络是一个耦合系统，该系统具有松散性，由各个企业自主组成。Ojasalo（2008）将创新网络界定为企业活动参与者，这些活动参与者参与由核心企业动员的研发活动。在创新网络实际应用的研究方面，Joal A. C. Baum 等（2010）采用企业联盟合伙人选择模型分析了网络独立合伙人的选择和创新网络的演化。Jaakko Paasi 等（2010）根据知识及知识产权在网络中运作方式的不同对系统集成商进行分类，进而构建出创新网络。Nieves Arranz 等（2012）从过程、组织结构和管理三个维度构建创新网络，并对一个容量为 350 的样本数据进行了实证分析。

国内学者大多从复杂网络的视角对创新网络进行了研究，李金华（2007）引入知识差异度和创新率两个因子，利用复杂网络理论分析了知识流动对网络结构的影响。王福涛（2009）基于历史的视角，探究了创新集群的成长动力源。张爱琴和陈红（2009）从知识共享、网络能力和创新绩效这三方面构建了产学研知识网络协同创新的绩效评价指标体系，并运用这些指标体系对太原高新区产学研知识创新网络协同创新现状作了实证评估。张新杰（2010）利用修改后的麦克洛伊德模型对集群创新进行分析，研究在集群内如何通过政府的介入形成一种可自我增强的创新机制。彭盾（2010）在复杂网络视角下，构建了星形网络以及全连通网络的加权网络演化模型，对高技术企业进行了技术创新网络演化研究。崔永华和王冬杰（2011）基于协同创新网络的视角，建立了民生科技的创新服务体系。常宏建、张震和任恺（2011）从复杂网络理论出发，分析对应于复杂网络理论中相关参数变量的映射关系和产学研合作网络拓扑结构，系统地构建了产学研合作网络模型。汪秀婷（2012）基于系统视角构建了战略性新兴产业协同创新网络模型，对协同创新网络模型中的四个基本构面以及协同创新的路径进行了研究，并分析了战略性新兴产业协同创新网络的四种能力及其基于生命周期阶段的动态演化方向与策略。余雷、胡汉辉和吉敏（2013）认为战略性新兴产业集群在新的集聚环境下，实现了经济网络、社会网络与创新网络的融合，形成以创新网络为核心的综合网络，在核心技术的驱动下，向高端自主价值链网阶段、资源利用网阶段发展。李永、孟祥月和王艳萍（2014）选择 2003~2010 年上海市大中型工业企业 32 个行业的面板数据，基于多维行业异质性视角，考察政府 R&D 资助对企业技术创新的影响。研究表明，政府 R&D 资助带动了企业 R&D 投入增长，但直接资助的绩效由于未考虑内生性而被整体高估，并存在较大的行业差异，研发强度越高，企业规模越小，资助绩效越好。而研发强度高、国资比重低的行业具有更高的创新产出效率。王松和盛亚（2013）采用回归分析等方法，研究不同类型集群，其网络合作度、开放度各自与集群增长绩效的关系，合作度与开放度的关系，以及这些关系是如何受到环境不确定性制约的。研究发现技术环境不确定性越高，网络开放度对集群绩效的影响越显著；市场竞争环境不确定性越高，网络合作度对集群绩效的影响越重要；市场与技术环境都稳定时，网络合作度对集群绩效影响较为显著；网络合作度与开放度相关性不显著。任宗强等（2013）通过对三家传统制造企业的调研，抽象地建立了一个概念性理论动态模型，分析企业在创新网络中，在原有技术基础上通过整合新技术资源与市场的协同整合，对竞争优势产生动态变化关系。发现技术组合中，新技术的作用固然很重要，但新技术与原有技术的比例才是实现商业价值的关键。孙耀吾和贺石中（2013）系统研究高技术服务创新开放系统、解决方案和界面标准平台竞合与价值创造机理，高技术服务创新网络开放式集成模式结构、机理及演进与优化，以及实证与应用对策等科学问题。江秀婷和江澄（2013）针对技术创新网络中资源共享的重要性，以演化博弈理论为基础，通过构建技术创新网络跨组织资源共享的鹰鸽博弈模型，分析了技术创新网络中博弈双方资源共享策略的动态演变过程，并结合实证调研数据进行了分析和验证。研究表明，技术创新网络的演化方向与双方的博弈支付矩阵相关，并得出技术创新的预期收益及合作成本是影响技术创新网络组织间资源共享策略的关键因素，由此提出促进跨组织资源共享的相关建议和对策。牟绍波（2014）探讨了战略性新兴产业集群式创新的内涵、集群式创新网络的类型和结构，并基于信任、声誉、权力和制度等构建了战略性新兴产业集群式创新网络的综合治理机制。

1.5.4 文献评述

综合以上国内外研究现状可知：

（1）自战略性新兴产业的概念被提出以来，关于战略性新兴产业的研究日益增多，当前战略性新兴产业主要以定性、政策性研究居多，学者们主要从战略性新兴产业的概念、特点和内涵，战略性新兴产业的发展现状、发展中存在的问题以及发展对策进行理论分析。但是，对战略性新兴产业的创新本质，战略性新兴产业的技术创新特点等方面并没有进行深入研究，将战略性新兴产业与技术效率相结合开展研究还不多见。

（2）环境技术效率的测度方法有参数测量和非参数测量这两类，其中参数测量主要以随机前沿分析（SFA）为代表，非参数测量以数据包络分析（DEA）为代表。目前，对环境技术效率的测度通常做法是先构建方向性距离函数，然后基于数据包络分析模型进行求解，同时考虑到环境约束对于技术效率的影响，将非期望产出纳入到环境技术效率的测度中。而涉及 DEA 的主要文献有基于角度的（Oriented）和径向的（Radial）传统方法。一方面，忽略了松弛变量的存在性，当投入或产出的非零松弛存在时，径向 DEA 评价对象的效率会被高估，得出的计算结果就缺乏准确性；另一方面，角度的 DEA 效率值必须选择以投入导向还是以产出导向为基础来进行计算，而同时考虑投入产出两个方面将会导致效率值失真。而非角度且非径向的 SBM（Slack-base Measure，SBM）方向性距离函数能够克服以上缺陷。目前，采用考虑非期望产出的 SBM 方向性距离函数对环境技术效率的测度较多，但是还没有对战略性新兴产业环境技术效率进行测度的文献。

（3）已有的文献一般采用 ML 指数对生产率指数进行分解，已有文献中均采用两个当期 ML 指数几何平均的形式表示 ML 生产率指数，那么在测量跨期方向性距离函数时，这可能直接导致一个潜在的线性规划无解问题的产生，而且用几何平均形式表现得出的 ML 指数不具有传递性或循环性。Oh 将方向性距离函数与 Global Malmquist 生产率指数概念相结合，构建 ML 指数的替代方法——Global Malmquist-Luenberger（GML）指数。GML 指数不仅可以应对生产带来的环境污染问题，以及多投入和多输出问题，而且避免了传统 ML 指数存在的线性规划无解问题，同时 GML 指数具有循环可加性，可以测度生产率增长的累积值。

（4）目前关于收敛性检验方法存在 σ 收敛、β 收敛、概率收敛，在不同的收敛方式上又有绝对收敛、条件收敛之分。具体使用哪种方法，应结合研究对象的特点，有时甚至要几种方法同时使用。近年来在收敛性的相关文献中，空间依赖与空间自相关问题引起了学者的广泛关注，通过加入空间权重矩阵来构建空间计量模型，考察变量间的空间相关性。空间自相关的存在违背了大多数经典统计和计量经济学的样本相互独立这一基本假设，如果直接将经典计量经济学的方法应用于地理空间位置相关的数据，数据的空间依赖性便会被忽视，因此在处理空间数据时，引入空间统计和空间经济计量分析方法来进行分析。常用的方法是采用 Moran's I 指数判断空间自相关性。

（5）环境技术效率的影响因素因研究的主体不同而不同，应结合主体特点与环境技术效率的特点从宏观、中观、微观三方面进行分析。现有文献多采用面板 Tobit 模型对环境技术效率的影响因素进行实证研究，由于环境技术效率值是介于 0 和 1 之间的值，所以解释变量是一种受限变量，因此选择 Tobit 模型对战略性新兴产业环境技术效率的影响因素进行回归比较合理。

（6）驱动力机制研究。通过分析，本书认为环境技术效率的内部驱动力在于产业技术创新的内部推动，环境技术效率的微观影响因素通过作用于企业层面，促进企业技术创新能力的提高，进而提升环境技术效率。环境技术效率的外部驱动力表现为：影响环境技术效率的宏观、中观因素通过作用于企业创新网络，推动企业创新能力的提高，进而推动产业环境技术效率的提升。现有的文献一般利用生物共生演化原理，构建基于 Logistic 方程的多创新极共生演化模型研究产业技术创新。通过构建创新网络，研究网络内各创新主体的行为特征，以及各因素对网络创新能力的推动作用。

通过对战略性新兴产业研究现状、环境技术效率研究现状以及驱动力机制的研究现状分析，可以发现关于战略性新兴产业相关理论研究以及实证方法还存在一定的缺陷。因此，在总结现有研究的基础上，从以下几个方面对现有的研究进行完善，进一步分析我国战略性新兴产业环境技术效率及其影响因素和驱动力机制。

（1）在明晰战略性新兴产业的创新本质以及战略性新兴产业环境技术效率特征的基础上，从环境技术效率角度，通过建立基于 SBM 方向性距离函数的 GML 指数模型对我国战略性新兴产业开展测度研究，分析我国战略性新兴产业的特点、时间变化趋势以及区域差异，并采用空间计量的方法对战略性新兴产业环境技术效率进行空间相关性和收敛性分析。

（2）在分析战略性新兴产业环境技术效率的宏观、中观、微观影响因素的基础上，通过构建面板 Tobit 模型，对战略性新兴产业环境技术效率影响因素进行实证分析，分析战略性新兴产业环境技术效率的各内外部影响因素对环境技术效率的影响程度。

（3）对战略性新兴产业环境技术效率的内外部驱动力机制进行分析。在明晰环境技术效率驱动力因素的基础上，进一步分析环境技术效率的驱动力机制。通过明晰产业技术创新与环境技术效率的内在联系分析环境技术效率的内部驱动力机制。通过构建战略性新兴产业创新系统对环境技术效率的外部驱动力机制进行研究，并构建环境技术效率内外部驱动力系统的 Logistic 共生演化模型，分析环境技术效率的内外部驱动力共生演化机制。

1.6　结构安排

本书在分析战略性新兴产业环境技术效率的内涵和特征的基础上对我国战

略性新兴产业环境技术效率进行测度，分析环境技术效率的时间变化趋势和区域差异。通过分析环境技术效率的宏观、中观、微观影响因素，对环境技术效率的影响因素进行实证分析。对环境技术效率的内外部驱动力机制进行分析，并建立战略性新兴产业环境技术效率内外部驱动力系统演化速度的共生Logistic 模型。基于实证结果提出提升战略性新兴产业环境技术效率和增强环境技术效率动力的政策建议。全书内容有六章，主要章节安排如下文所述。

第 1 章介绍本书的研究背景、目的与意义、研究方法与技术路线、研究内容与创新之处以及本书的结构安排。

第 2 章介绍战略性新兴产业环境技术效率的内涵和特征。在明晰战略性新兴产业的创新本质和环境技术效率的内涵的基础上，分析战略性新兴产业环境技术效率的内涵和特点。

第 3 章运用 SBM 方向性距离函数对 2003～2012 年我国各产业各省市战略性新兴产业的环境技术效率进行测算，然后对 GML 指数和不考虑非期望产出的 GML 指数、考虑和不考虑非期望产出的 ML 指数进行比较分析，并采用空间计量的方法对环境技术效率的收敛性进行分析。

第 4 章通过对战略性新兴产业环境技术效率的宏观、中观、微观影响因素进行分析，明晰影响因素对环境技术效率的作用方式。在此基础上，采用面板Tobit 模型对战略性新兴产业环境技术效率影响因素进行实证分析，度量各影响因素对战略性新兴产业环境技术效率的影响程度。

第 5 章构建战略性新兴产业的创新系统，在对环境技术效率的内部和外部驱动力机制进行分析的基础上，建立战略性新兴产业环境技术效率内外部驱动力系统演化速度的共生 Logistic 模型，并对此模型进行仿真分析。

第 6 章运用 SBM 方向性距离函数对 2009～2012 年我国鄱阳湖生态经济区各战略性新兴产业的环境技术效率进行测算，然后对 GML 指数和不考虑非期望产出的 GML 指数、考虑和不考虑非期望产出的 ML 指数进行比较分析，全面分析鄱阳湖生态经济区战略性新兴产业的环境技术效率状况，最后采用面板Tobit 方法对影响鄱阳湖生态经济区的因素进行分析。

第 7 章在对战略性新兴产业环境技术效率影响因素实证结果以及内外部驱动力机制进行分析的基础上，提出提升战略性新兴产业环境技术效率和增强环境技术效率动力的政策建议。

2 战略性新兴产业环境技术效率的内涵与特征

本章将分别对战略性新兴产业以及环境技术效率的内涵与特征进行归纳总结，在此基础上，通过分析战略性新兴产业与技术创新的内在关联，明晰战略性新兴产业环境技术效率的特征以及战略性新兴产业与环境技术效率结合的必要性。

2.1 战略性新兴产业的创新本质

2.1.1 战略性新兴产业的内涵与特征

虽然"十二五"规划提出了战略性新兴产业的发展规划，但关于战略性新兴产业的内涵，学者们还存在着若干争论与分歧。国务院关于战略性新兴产业的定义是：战略性新兴产业是以重大技术突破和重大发展需求为基础，对经济社会全局和长远发展具有重大引领带动作用，是知识技术密集、物质资源消耗少、成长潜力大和综合效益好的产业①。李晓华、吕铁（2010）认为战略性新兴产业是对经济发展具有重大战略意义的新兴产业。肖兴志等（2011）认为战略性新兴产业是前沿性主导产业，不仅具有创新特征，而且能通过关联效应，将新技术扩散到整个产业系统，能引起整个产业技术基础的更新，并在此基础上建立起新的产业间技术经济联系，带动产业结构转换。宋河发等

---

① 百度百科．http：//baike. baidu. com/view/3379512. htm？fr＝aladdin.

（2010）认为战略性新兴产业首先是新兴产业，是处在发展最初阶段的行业，是伴随着生物、信息、医疗、新能源、海洋和环保等新技术的发展而产生的一系列新兴产业部门，它能够振兴经济和促进就业，激励环境与先进技术开发。李金华（2011）认为战略性新兴产业既是战略性产业，又是新兴产业，一个产业所以能被称为战略性新兴产业，首先应该是新兴产业，且同时具备战略性产业和新兴产业的共同特质。

本书认为战略性新兴产业是关系国民经济长远发展和社会经济全局的产业，具有知识和技术密集、高产出、低污染、初始成本高、发展潜力大、综合效益好等特点，其具有很强的带动性和渗透性，能够带动传统产业发展。

在经济全球化、科学技术高度发达和产业结构不断革新与升级的大背景下，结合社会各界的主流观点（李金华，2011；肖兴志，2011；东北财经大学产业组织与企业组织研究中心课题组，2011），根据战略性新兴产业提出的背景及产业自身的特点，从战略性和新兴性两方面入手，全面细致地阐述战略性新兴产业的内涵，其具体内容如下：

（1）新兴性的内涵。目前对新兴产业还没有一个严格的定义，其提出是相对于传统产业而言的。可以把新兴产业定义为将新兴技术应用于生产新产品的产业，代表新科学技术产业化的新水平和产业结构调整的新方向，同时具有一定规模和影响力的产业。新兴产业更多地体现在新科技的应用方面，归纳起来，新兴产业主要包括创新性、带动性、盈利性和成长性四个特点。

创新性主要指的是产品的创新、技术的创新和商业模式的创新。其中，产品的创新包括研发市场上未出现的、能够满足当下消费需求的产品，或者对现有的产品进行工艺和技术上的改进，满足消费者对产品的多样化需求。现代互联网和智能应用等新的技术诞生催生出各种新的产品需求，战略性新兴产业也要紧跟时代的脚步，对产品进行创新。技术的创新表示新兴产业具有较强的技术创新能力，能够进行自主创新或者吸收和借鉴他人的创新技术，不断更新产业的生产技术、产品、设备等，实现技术的创新和转化。战略性新兴产业的技术创新还应与时代同步，以高新技术、节能环保技术为主要研究方向。商业模式的创新是指企业在生产、经营和销售等方面推陈出新，结合最新的科技成果和社会潮流对企业进行管理和经营，以先进的管理理念和手段盈利。

带动性是指新兴产业自身的发展能够带动其他产业共同发展，新兴产业发展中带来的新技术和商业模式为传统产业树立了学习典范，通过技术和盈利手段的扩散与模仿带动其他产业发展。

盈利性指新兴产业能够盈利并且具有长期的盈利。新兴产业往往源自新技术和新产品的产业化，因此，在新兴产业培育初期需要大量资源的投入，耗费巨额成本。只有当后期收益足以弥补前期成本时，新技术和新产品的研发对企业而言才有利可图，新兴产业才能顺利成长。

成长性是指新兴产业具有巨大的发展空间。这种发展空间主要体现在两方面：一是能够扩大规模并高速增长，成为未来的支柱产业；二是能够对经济发展产生较强的带动作用，甚至推动新一轮产业革命的发生。

（2）战略性的内涵。战略性从字面上理解是指具有指导战争全局的策略特征，进一步引申为指导或决定全局的计划或策略特征，其决策常常具有全局性、导向性、长远性和外部性等特征。

全局性意味着关系国家经济、国家安全和社会进步的全局。其中，对经济发展的贡献表现在新兴产业关系到国家经济发展的命脉，对其他产业具有带动作用，能够推动国家经济发展，促进产业结构升级。对国家安全的贡献表现在战略性新兴产业为我国的国防输送军事产品，与国家安全具有密切的联系。对社会发展的贡献则表现为能够提高国民生产总值，提高就业率，使社会更加安定团结。导向性意味着产业的发展与政府发展理念、国计民生相契合，战略性的发展要体现国家的竞争优势，要与未来国家的经济发展规划相协调，具有上升空间和发展潜力，能够带动其他产业发展等。长远性意味着该产业具有良好的长期性，能够可持续发展，具有发展潜力，不仅在短期内能够带动经济发展，在长期内也能促进经济长远发展。外部性是指资本与劳动的回报率高，存在广泛的外部经济。

（3）战略性新兴产业的特征。虽然目前我国对战略性新兴产业有分类目录，但是其内容是一个动态的过程。随着时间的推移，会有越来越多的产业被收录在战略性新兴产业名下。因此，分析战略性新兴产业的特征可以对今后的分类工作提供一个良好的依据。综合以上对战略性新兴产业基本含义的分析，本书将其特征归纳如下：

第一，技术的前沿性。战略性新兴产业所采用的技术代表着当今世界科技的前沿，体现了现代科技发展的方向。产品的科技含量高，附加值大，属于知识密集、技术密集、资本密集，处于知识和技术的前沿水平。

第二，初始成本高，发展潜力大，综合收益好。由于战略性新兴产业的技术前沿性，对科技要求高等特点，导致产业的进入壁垒高，并使企业在生产初期的初始成本很高。但是战略性新兴产业具有良好的发展潜质，由于产业的技术创新能力强，产业能够不断吸收高新技术和最新的知识，使其处于技术的最前沿，代表技术和需求的方向，因此产业的发展潜力巨大，具有可观的市场前景。生产过程中是由技术创新驱动而不是由资本和劳动力驱动，所以生产具有良好的外部性，具有生产效率高，环境污染少等优点，经济收益高和社会效益好。

第三，具有很强的带动性和渗透性。战略性新兴产业往往掌握产业核心技术，能够依托科技进步带来的重大突破，当技术流在产业之间进行流动时，战略性新兴产业便可以通过技术渗透带动其他产业共同发展。所以战略性新兴产业具有很强的带动性和渗透性，对传统产业具有技术和商业模式等方面的影响，从而优化产业结构，提升产业水平，使社会整体经济有较好较快的增长。由内生性可知，这种增长往往是持续性的。

第四，关系社会经济全局及国家安全。战略性新兴产业是国家经济的命脉，对社会和经济发展具有推动作用，关系着未来国家的竞争优势，能在今后很长一段时间起到良好的经济推动作用。由于其技术的前沿性以及对其他产业的带动作用，能够为国防提供军事器材等相关产品，与国家安全有密切联系，所以它的发展关系着国家的经济、社会发展以及国家安全。对于处在发展中的国家来说，发展战略性新兴产业是实现赶超的一个重要机遇，是产业结构优化的切入点和突破口。

战略性新兴产业不同于高技术产业、主导产业、支柱产业等相关产业[①]。高技术产业是指那些知识技术密集度高、发展速度快、具有高附加值和高效益，拥有一定市场规模和对相关产业产生较大波及效应的产业。主导产业是指在国民经济中所占的比重高，对国有经济具有支撑作用的产业。主导产业的特点主要是产业关联度强、对其他产业和整个国民经济发展具有较强的带动作用。支柱产业是指对经济总量影响较大或在区域经济增长占较大比例的产业。支柱产业的特点主要是市场需求量大、产业关联度高，往往是一国（或地区）

① 董树功. 战略性新兴产业的形成与培育研究 [D]. 南开大学博士学位论文, 2012.

我国战略性新兴产业环境技术效率测度研究

重要的经济增长点。而战略性新兴产业不仅要考虑到高技术性，更要考虑其技术的前沿性、市场前景、对其他产业的带动效应、对社会经济引领作用、对国家安全的重大影响和其长远的战略意义。战略性新兴产业经过充分发展后，会成为新的经济增长点，并可能会演变为新的支柱产业以及主导产业①。

综合上述战略性新兴产业的内涵与特征，结合我国产业发展基础和所处的阶段，目前中国将节能环保产业、新一代信息技术产业、生物产业、高端装备制造产业、新能源产业、新材料产业以及新能源汽车产业七大产业定为战略性新兴产业，该七大产业的具体内容如下所述②：

1）节能环保产业。重点推行节能高效的技术装备和产品，注重关键领域的技术突破，提升整体能效水平。实现产业示范化并加快资源循环利用关键共性技术的研发，促进再制造产业化水平和资源综合利用水平的提升。加快建设市场化节能环保服务体系。引领先进环保的技术装备和产品的推广，以实现污染防治水平的提升。构建废旧商品回收利用体系，实现以先进技术为支撑，促进海水和煤炭清洁的综合利用。

2）新一代信息技术产业。积极建设泛在、安全、宽带、融合的信息网络基础设施，促进下一代互联网核心设备、智能终端以及新一代移动通信的研发和产业化，加快三网融合进度，推动云计算以及物联网的研发和示范应用。实现网络增值服务、软件服务等信息服务能力的提升，推进重要基础设施智能化的改造。集中力量发展新型显示、集成电路、高端服务器、高端软件等核心基础产业。推进数字虚拟技术的大力发展，推动文化创意产业的进步。

3）生物产业。优化用于新型疫苗、重大疾病防治的生物技术药物以及现代中药、化学药物和诊断试剂等创新药物大品种的发展，促进生物医药产业水平的提升。集中精力发展生物育种产业，推进绿色农用生物产品的发展壮大，实现生物农业的快速进步。推动医用材料、先进医疗设备等生物医学工程产品的进一步研发和产业化，实现规模化发展的最终目标。加快应用、示范和开发生物制造关键技术。实现海洋生物产品技术的产业化和研发的加快。

4）高端装备制造产业。注重通用飞机和干支线飞机为主的航空装备的发

---

① 姜大鹏，顾新．我国战略性新兴产业的现状分析［J］．科技进步与对策，2010（9）：65-70.

② 国务院《关于加快培育和发展战略性新兴产业的决定》，http：//wenku.baidu.com/view/730fd50d763231126edb11c3.html.

展，实现航空产业的飞速发展进步。重点发展以面向海洋资源开发的海洋工程装备。发展以城市轨道交通和客运专线为依托的重点工程，实现轨道交通装备的迅速发展。积极建设空间基础设施，发展卫星及其应用产业。加强技术配套的能力，实现以柔性化、系统集成技术和数字化为核心的智能装备制造发展。

5）新能源产业。集中精力进行新一代先进反应堆和核能技术的研发，实现核能产业的发展。实现风电技术装备水平的提升，促进风电规模化的有序发展，建设适应新能源发展的智能电网及运行体系。促进太阳能热利用技术的推广，开发多元化的光伏、太阳能、光热发电市场。适宜开发利用生物质能。

6）新材料产业。致力发展高性能膜材料、功能陶瓷、稀土功能材料、半导体照明材料、特种玻璃等新型功能材料。提高芳纶、碳纤维、超高分子量聚乙烯纤维等高性能纤维及其复合材料发展水平。大力发展新型合金材料、高品质特殊钢、工程塑料等先进结构材料。并积极开展研究纳米、智能、超导等共性基础材料。

7）新能源汽车产业。实现关键核心技术如驱动电池、电子控制领域和动力电池等的突破，实现纯电动汽车、插电式混合动力汽车的推广应用和产业化发展。并积极开展燃料电池汽车相关前沿技术研发，大力兴起高能效、低排放节能汽车的发展。

然而，战略性新兴产业不应简单地理解为某几个具体产业，而是一种细分产业众多、涉及领域广泛的产业集合，不仅涵盖有新兴产业，还包括一些有待提升的传统主导产业。战略性新兴产业中七大产业的主要内容和产业的关键所在如表 2-1 所示[①]。

表 2-1　战略性新兴产业的主要内容

产业	主要内容
节能环保产业	重点突破高效节能、先进环保、循环利用
新一代信息技术产业	建设网络基础设施，聚焦下一代通信网络、物联网、三网融合、新型平板显示、高性能集成电路和高端软件

---

① 整理自国务院印发的《"十二五"国家战略性新兴产业发展规划》，2012 年 28 号．http：// blog. sina. com. cn/s/blog_ 4b7f07790101btia. html.

续表

产业	主要内容
生物产业	重点建设生物医药产业、生物医学工程、生物农业产业、海洋生物技术
高端设备制造业	重点发展航空航天制造业、卫星及其应用产业、轨道交通装备、海洋工程装备、智能控制装备
新能源产业	发展核能产业多元化太阳能光伏光热发电市场、推进风电规模化发展、发展智能电网产业
新材料产业	重点发展特种功能和高性能复合材料
新能源汽车产业	重点发展动力电池、驱动电机、充电站等

2.1.2 我国战略性新兴产业的发展现状

随着国家政策措施的实施，我国战略性新兴产业呈现高速发展的趋势，规模效益显著，创新能力稳步提升以及产业集群逐渐形成。2013 年，我国战略性新兴产业总体发展良好，其强势的发展态势主要体现在经济增长、创新能力、产业集群和发展模式四个方面，具体如下所示①：

（1）我国战略性新兴产业发展现状。经济增长方面，2013 年，战略性新兴产业的发展速度明显高于传统产业，显示出强劲的增长态势。国家信息中心的报告显示，2013 年我国战略性新兴产业上半年部分产业增长速度达到工业经济总体增速的两倍左右，成为支撑产业结构调整、经济转型发展的重要力量。部分行业利润增速及主营业务收入利润率均高于同期工业总体增速②。

创新能力方面，战略性新兴产业领域的国家工程（技术）研究中心、国家工程实验室的比例占工业领域的 70% 以上，在国家认定的企业国家重点实验室中新兴产业企业的比例占 70% 以上，在国家认定的企业技术中心中新兴产业企业的比例占 50% 以上；各地均出现了一批研发投入占企业销售额比例超过 5% 甚至超过 10% 且具有国际先进研发设施和工程化验证条件的创新型企业；涌现出超千万亿次计算机、第四代移动通信技术、大规模基因测序等重大成果。

---

① 黄晓芳，祝君壁. 经济发展亮点，转型升级抓手 ［N］. 经济日报，2014-01-06.
② 数据来源于国务院发展研究中心信息网，《2013 年我国战略性新兴产业发展回顾》，2014-01-07.

产业集群方面，珠三角地区形成了电子信息、新能源汽车和半导体照明等产业集群，其中深圳在基因组测序分析及关联产业、干细胞等前沿领域抢先布局。长三角地区形成了新能源、生物医药、高端装备制造、电子信息、节能环保等产业集群，江苏在光伏产业等领域形成集群优势。京津冀地区形成了新一代信息技术装备、新材料、航空航天等产业集群。

发展模式方面，我国新兴产业的发展模式也出现了重大变化，特别是民营企业成为发展战略性新兴产业的重要力量。民营企业数量占战略性新兴产业企业总数比例超过70%，在国家实施的重大产业专项中，民营企业获得支持的比例占到50%以上。

2013年，节能环保产业、新一代信息技术产业、生物医药产业、高端装备制造业、新材料产业、新能源汽车产业等作为战略性新兴产业的重点领域均取得一定进展。

新一代信息技术产业。在移动互联网的带动下，通信设备行业发展最快。2013年1~11月，通信设备行业实现销售产值和出口交货值分别增长23.7%和17.3%，出口增速位居各行业之首。

节能环保产业。在2012年增长有所缓慢后，2013年上半年以来呈现恢复性增长。环保产业发展速度持续多年高于宏观经济总体水平，环保专用设备2013年1~10月主营业务收入累计同比增速达19.4%。

生物医药产业。全国生物产业持续保持20%以上的增长速度。我国已经形成全世界规模最大的生物产业科技研发和产业化人才队伍，科技论文发表总数以及专利申请总量已经跃居全球第二，生物基因资源库、生物信息中心、药物创制技术平台、农作物育种资源基地和品种创新技术平台等重大科技基础设施建设成绩斐然。

新能源汽车产业。"十二五"上半期，新能源汽车产业突破了一批关键核心技术，已申请电动汽车相关技术专利3000项以上，锂离子电池、磷酸铁锂电池技术也都有所进步。精进电动生产的新能源车用电机实现了向美国出口。节能与新能源汽车销售继续推进，整体产业实现较快增长。

高端装备制造业。2013年，高端装备制造产业在大型客机、大型运输机、先进直升机和通用飞机等方面都取得了重要进展。国际零部件在中国的转包生产量不断上升，波音零部件在国内采购每年增长20%。

新材料产业。新材料产业实现了多项突破。2013 年我国新材料产业规模不断扩大，超硬材料、稀土功能材料、光伏材料、玻璃纤维、先进储能材料、有机硅、特种不锈钢及其复合材料等产能居世界前列。

（2）我国战略性新兴产业的未来发展目标。《国务院关于加快培育和发展战略性新兴产业的决定》指出重点发展新能源、新一代信息技术、高端设备制造、节能环保、新材料、生物以及新能源汽车产业，计划在将来的 20 年左右的时间内完成。到 2015 年，中国战略性新兴产业预计将形成协调推进、健康发展的基本格局，其增加值占国内生产总值的比重达 8% 左右。到 2020 年，随着就业能力的显著提高，战略性新兴产业增加值占国内生产总值的比重将增加到 15% 左右。新材料、新能源、新能源汽车产业则将会成为国民经济的先导产业，而新一代信息技术、节能环保、高端装备制造和生物产业将成为国民经济的支柱产业。与此同时，国家的整体创新能力将大幅提升，一批关键的核心技术将被掌握，达到局部领域的世界先进水平目标。努力构建一批创新能力强、产业链完善、特色鲜明的战略性新兴产业集聚区。进而形成一批极具国际影响力的大企业和一批创新活力旺盛的中小企业。预计到 2030 年左右，战略性新兴产业的产业发展水平和整体创新能力能够达到世界先进水平的要求，支撑经济社会的协调可持续发展①。

2.1.3　战略性新兴产业与技术创新的联系

与 20 世纪相比，中国的战略性新兴产业取得了突飞猛进的发展，制造能力也有了显著提高。产品出口包括一些成套设备的出口竞争力明显增强，出口产品在世界市场上的份额得到提高。但存在一个问题，我国生产和出口主要依赖于跨国公司的设备和技术，自身对于关键技术的研发明显不足，因此在整个产业价值链中，大多是在微笑曲线的底端，并成为发达国家的代工厂。对战略性新兴产业而言，技术创新对其发展起着至关重要的作用，因此，在当前和今后相当长的时间内，我国战略性新兴产业发展的一个重要问题和挑战是技术创新。

创新是一个民族的灵魂，是一个国家兴旺发达的不竭动力，技术创新是一

---

① http://wenku.baidu.com/view/f45990fff705cc175527098d.html.

个国家发展的灵魂和不竭的动力。技术创新是一种不断追求卓越、不断追求发展的升华，是一种通过技术变革转变经济增长方式、推动经济高速增长的关键和前提。战略性新兴产业具有技术前沿性，关系着国家发展和经济增长，发展战略性新兴产业的一个中心环节就是加强企业的自主创新能力。对于战略性新兴产业而言，技术同样是第一生产力，技术创新决定着整个生产力发展的速度，这对以高技术为核心的战略性新兴产业来说尤为重要。要想全面发展战略性新兴产业，必须高度重视技术创新的应用。在实践中，要加快建设和完善以企业为主体、市场为导向、产学研结合的技术创新体系，充分发挥政府在产业发展规划制定、创新环境营造和重大科技项目引领中的主导作用，支持创新要素向企业集聚，以突破重点领域核心关键技术和行业共性技术，推进创新成果的转化和产业化，从而打造产业核心竞争优势。

战略性新兴产业的发展和技术创新相互影响。一方面，在技术创新的基础上，战略性新兴产业才能充分发挥它的经济和社会作用，得到更加快速和健康的发展，这也是其内涵所决定的；另一方面，只有产业发展好了，才能有更好的物质基础、人力条件，从而推进技术的进一步创新，所以相应的产业发展也给技术创新提供了很好的拓展环境。总的来说，在战略性新兴产业和技术创新的关系当中，技术创新是动力，产业发展是保证，两者相辅相成，共同促进。

加快战略性新兴产业的发展已经成为世界多国实现经济制高点的共同选择，发展的基本路径是加大科技创新的投入、加快新兴技术创新，优化产业结构，力争通过创新技术、加快创新成果转化、培育新产业创造新的经济增长点。根据李东华①的观点，战略性新兴产业呈现如下技术创新特征：第一，技术在不同领域间高度交叉和深度融合。由于技术创新的跨学科性和复杂性，主导战略性新兴产业发展的不再是单一技术，而是多技术领域、多学科通过技术的渗透和资源的共享相互联系、互相融合而形成的技术群。许多技术创新和突破出现在互相交叉融合的技术领域，而技术交叉融合趋势决定了战略性新兴产业不应该孤立地发展，应该做到战略性新兴产业内部、战略性新兴产业与其他产业之间、战略性新兴企业与高校、科研机构等创新主体之间的融合。通过产业与产业之间的技术融合和相互补充，使各产业的技术创新能力越来越强，增

---

① 李东华.技术创新与战略性新兴产业发展［J］.中共浙江省委党校学报，2012（4）：93-98.

强综合竞争力。通过产业与高校、科研机构和中介机构的联系，促进技术的开发和成果的转化，增强产业技术创新能力。第二，包括技术标准在内的知识产权成为产业竞争力的核心因素。战略性新兴产业的发展不单纯是产品的竞争，还包括专利、技术竞争。当企业发明了一项新的专利或新的核心性的技术，意味着企业在未来国际竞争中有技术优势，能够把关键技术运用于生产中，便能产生经济效益，形成在战略性新兴产业领域的话语权。

目前，我国战略性新兴产业还存在技术创新能力不足的问题。

首先，战略性新兴产业的原始创新能力不足，这是导致核心技术低下的关键所在。我国战略性新兴产业在某些产业的技术创新能力已经很强，但是有些产业仍长期依赖国外先进技术。比如，我国在航空航天制造业方面，由于未掌握核心技术，又受到国外在技术上的严格封锁，目前虽然军用机技术达到世界先进水平，但是民用机的生产能力不足，在世界范围内所占份额极少。战略性新兴产业是由技术创新驱动的，不能掌握核心技术将丧失竞争力。制造业的生产经验告诉我们，未掌握核心技术只能处于产业链和价值链的底端，为发达国家进行劳动密集的生产，失去话语权和控制权。

其次，我国战略性新兴产业的技术消化能力不足。我国要发展战略性新兴产业，就要对先进的技术进行引进和消化，取其精华，弃其糟粕，将引进的技术为产业发展所用。引进和消化创新技术的本质就是在引进的基础上进行二次创新，努力改变自身技术落后的状况。我国对于引进技术的模仿和二次创新，为了引进先进技术而引进，加大了引进技术的成本却没有达到技术引进的最终目的。

最后，技术成果转化率低。我国缺乏科技成果转化的中介机构，虽然高校和科研机构的数量不少，研究成果显著，但是由于中介机构的缺乏使创新成果难以转化成生产技术，企业很难获取合适的技术成果，使技术创新成果不能发挥社会和经济效益。2013 年，发达国家的科技成果转化率是 80%，我国的科技转化率仅为 25%，其中真正实现产业化的不足 5%①。

---

① 我国科技成果转化率仅为 25%，创新驱动难在哪〔N〕．光明日报，2013-06-21．

2.2 环境技术效率的内涵与特征

2.2.1 环境技术效率的内涵

王兵（2006）将环境技术定义为：在节约资源、保护环境过程中，为实现经济与环境的双赢所运用的全部活动方法、方式和手段的综合。就产业层面而言，环境技术是一种包括要素投入间的一种技术结构和环境污染在内的产业，是在投入既定条件下最小污染和最大产出的集合。

环境技术效率是基于传统技术效率概念上的一个延伸。传统的技术效率代表的是投入与产出之间的关系，是投入既定下的最大产出，或者既定产出下的最小投入。环境技术效率是指在考虑环境的非期望产出的基础上对技术效率的一个测度，同样是计算投入与产出之间的关系，但是产出方面包括与环境有关的指标。在环境问题日益严重的今天，能够对新时期的可持续发展做出一个更好的评估。环境技术度量了环境产出在最优技术结构下所能达到的最大可能前沿产量。环境技术效率（ETE）表示环境技术结构下期望产出的实际产量与其前沿产量的比率。与传统技术效率不同，环境技术效率不仅反映投入、期望产出（如产值、GDP 等）和非期望产出（如环境污染）之间的关系，还包含公众对环境质量的偏好，进而能够较全面地揭示现实生产与理想生产的差距。也就是说，环境技术效率不仅反映该地区经济发展、资源与环境之间的协调状况，同时也可以衡量该地区产业环境结构、产业结构的合理化程度①。当重工业在产业发展中所占的比重较高，或产业层次较低时，较少的产品增加值和较多的污染排放会伴随着产业的逐步发展而同步产生，此时产业的环境技术效率必然较低。Rolf Fare（2007）在产业层面提出了考虑污染因素在内的环境技术效率，它表示的是固定比例的要素投入和产出下的最小污染和最大产出，进而在环境技术效率的测度方法的基础上来度量环境技术这个环境的产出前沿。区域内的环境与工业资源之间的协同性和产业环境结构的合理性均为环境技术效

---

① 黎翔. 中国制造业环境技术效率测度及其影响因素分析［D］. 江西财经大学硕士学位论文，2012.

率的良好反映。

用非期望产出表示污染物排放，主要有工业生产中产生的二氧化硫、二氧化碳、废水和固体废物等，用期望产出表示正常产出的产品。在环境因素的影响下，通过构建关于环境技术的生产可能性测度环境技术效率，这个生产可能性集包含非期望产出和期望产出。经济增长与环境评价之间的协同性用 ETE 来表示，而环境与行业之间的协调性随着 ETE 的递增而变大，当观测点在环境生产前沿，表示环境技术效率（ETE）为 1，表明当投入给定时的最大产出和最小污染组合离生产前沿越近。于是，环境技术效率（ETE）不仅可以表示实际期望产出与最大期望产出之间的距离，同时也可以反映实际非期望产出与最少非期望产出之间的差距。

环境技术效率作为新时期技术效率的指标，是在考虑环境的前提下，对产业的技术效率做出的一个新的评价，这不仅是对当今可持续发展的一个理论性判断，也是给相关企业的发展提供了一个新的目标，为新时期的结构转型提供风向标。

2.2.2 环境技术效率的特征

环境技术效率是技术效率的特殊情况，是指在考虑环境的非期望产出的基础上对技术效率的一个测度，同样是计算投入与产出之间的关系，但是产出方面包括与环境有关的指标。要研究环境技术效率首先必须要了解环境技术效率的特征。传统技术效率是指在投入既定的情况下产出最大化，或者在产出既定的情况下实现投入的最小化。在数据选取方面，传统的技术效率只要考虑与生产和技术相关的一些指标，例如，固定资产投资、人力资本投入、科研经费投入、国民生产总值产出等，在模型的构建上只要对投入或者产出指标的其中一方面进行约束。但是环境技术效率在投入、产出指标的选取上要考虑环境方面的约束，例如，选取的产出变量会把环境污染变量考虑在内，在模型的构建上，也要将环境的约束因素考虑在内进行建模。环境技术效率的测度有如下几个特点：

（1）指标选取明确。与传统技术效率相同，环境技术效率的指标在选取时也同样有清晰的投入与产出含义。例如，投入指标中包含资本投入、劳动投入；产出指标中包含产业生产总值增长和环境污染的变化，这些指标都具有一定的代表性，能更准确地描述生产的实际情况。对于不同的产业，在进行环境技术效率测度的时候要结合产业的特点对指标进行选取。本书研究的是战略性新兴产业，具有知识密集和技术密集、高产出、低污染的特点，因此在选取投入变量的时候加入了技术投入指标，在选取产出指标的时候，考虑了多种污染变量，以分散各污染变量的权重，使其在测度过程中更能反映战略性新兴产业的特点，不过，在指标选取过程中要考虑数据的可获得性，只有在指标数据易得的条件下，才能得出结果，否则没有实际意义。

（2）测度过程易操作。现阶段一般采用 DEA 的方法对环境技术效率进行测度，在考虑各变量和约束条件的情况下进行建模，DEA 模型在操作上比较容易实现，可以凭借相关软件直接得出测度结果，复杂的模型可以通过 Matlab 等数据分析软件编程实现。因此，对环境技术效率的测度简单、易操作。

2.3 战略性新兴产业环境技术效率的特征

2.3.1 战略性新兴产业环境技术效率的特征

战略性新兴产业环境技术效率能够反映我国战略性新兴产业的资源利用状况，产业与环境的协调状况，同时也能衡量我国战略性新兴产业环境结构、产业结构的合理性。与传统产业环境技术效率测度相比，在选取战略性新兴产业环境技术效率测度的投入、产出变量时，还需细致考虑战略性新兴产业的特性，选取反映战略性新兴产业特征的变量，两者相结合对环境技术效率进行测度。在分析战略性新兴产业环境技术效率的影响因素时，结合国家当前阶段对促进战略性新兴产业发展提出的扶持性政策以及战略性新兴产业的发展特征展开分析。

2.3.2 战略性新兴产业和环境技术效率结合的必要性

战略性新兴产业是推动世界经济发展的主导力量，为了在新一轮世界竞争中占据有利地位，世界各国纷纷将战略性新兴产业作为积极抢占的战略制高点。我国作为发展中国家，正处于发展和转型的关键时期，如果能充分利用好战略性新兴产业的带动作用，那将有利于今后很长一段时期的经济发展。因此，发展战略性新兴产业，既对支撑我国当前经济社会发展起到至关重要的作用，又对我国今后缓解资源环境压力、实现经济社会全面协调可持续发展起着指引方向的重要作用。

近年来，虽然我国在环境管理和生态保护方面取得了一定的积极成果，但是，生态环境恶化的整体趋势仍然没有得到根本性改变，污染问题依然严峻，比如水、土壤、大气、固体废物、汽车尾气和持久性有机物，重金属污染继续加重，水土流失依旧严重，自然森林和草原退化等。同时，随着生产业的发展，能源消费总量持续增加，但是能源效率不高。资源和环境瓶颈问题在中国的经济增长中正变得越来越严重。因此，在环境问题日益凸显的今天采用环境技术效率对产业发展水平进行评价显得更具有代表性。

战略性新兴产业在起始发展阶段存在着技术创新不够活跃和技术不够成熟的特点，使我国的战略性新兴产业的发展落后于其他发达国家。而战略性新兴产业在发展中又不可避免要面临技术壁垒和资源环境约束问题，因此对战略性新兴产业进行环境技术效率测度有利于明晰战略性新兴产业的资源利用情况，产业与资源、环境的协调情况，有利于分析战略性新兴产业的环境结构和产业结构的合理性。因此，开展我国战略性新兴产业环境技术效率的测度研究具有重要的理论和实践意义。

3 战略性新兴产业环境技术效率的测度分析

在第 2 章中，我们对战略性新兴产业环境技术效率的内涵与特征进行了分析，阐述了战略性新兴产业环境技术效率的特征及其结合的必要性。在此基础上，本章将对战略性新兴产业环境技术效率进行测度，并依据测度结果分析其时间变化趋势和空间差异，进而研究其增长变动状况，并对环境技术效率的收敛性进行分析。

3.1 环境技术效率的测度方法

3.1.1 环境技术函数

一般将企业生产过程中的正常（好）产出称为期望产出，而将伴随产生的废水、废气等环境污染物称为非期望产出。由于将环境污染因素包含在环境技术效率（ETE）的测度框架中，因此首先要构建一个既包含环境污染等非期望产出又包含期望产出的函数，即生产可能集的环境技术（The Environmental Technology）函数。

这里构造了一个既包含期望产出，又包含非期望产出的生产可能集。即假设每一个决策单元使用 N 种投入 $x = (x_1, x_2, \cdots, x_N) \in R_N^+$，生产出 M 种期望产出 $y = (y_1, y_2, \cdots, y_M) \in R_M^+$，以及排放 I 种非期望产出 $b = (b_1, b_2, \cdots, b_I) \in R_I^+$；在每一时期 $t = 1, \cdots, T$，第 $k = 1, \cdots, K$ 个行业的投入和产出值为 $(x^{k,t}, y^{k,t}, b^{k,t})$。用 $P(x)$ 表示生产可能性集合：

$$P(x) = \{(y, b): x \text{ 能生产} (y, b)\}, \quad x \in R_N^+ \tag{3.1}$$

生产可能性集合 $P(x)$ 满足以下假设：

（1）闭集和凸集。

（2）投入与"好"产出可自由处理性：如果 $(y, b) \in P(x)$ 且 $y' \le y$ 或 $x' \ge x$，那么 $(y', b) \in P(x)$，$P(x) \subseteq P(x')$。

（3）联合弱可处置性：如果 $(y, b) \in P(x)$ 且 $0 \le \theta \le 1$，那么 $(\theta y, \theta b) \in P(x)$。

（4）零结合性：如果 $(y, b) \in P(x)$ 且 $b = 0$，那么 $y = 0$。

3.1.2 SBM 方向性距离函数

为了达到扩大期望产出，减少非期望产出的目的，并且避免传统 DEA 模型径向和角度的选择差异带来的偏差，这里沿用 Tone（2003）定义的考虑环境资源下的 SBM 方向性距离函数：

$$D_0^t(x^{t, k'}, y^{t, k'}, b^{t, k'}, g^x, g^y, g^b) = \max_{s^x, s^y, s^b} \frac{\frac{1}{N} \sum_{n=1}^{N} \frac{S_n^x}{g_n^x} + \frac{1}{M+1}\left(\sum_{m=1}^{M} \frac{S_m^y}{g_m^y} + \sum_{i=1}^{I} \frac{S_i^b}{g_i^b}\right)}{2} \tag{3.2}$$

$$s.t. \begin{cases} \sum_{k=1}^{K} z_k^t x_{kn}^t + S_n^x = x_{k'n}^t, & \forall n; \\ \sum_{k=1}^{K} z_k^t y_{km}^t + S_m^y = y_{k'm}^t, & \forall m; \\ \sum_{k=1}^{K} z_k^t b_{ki}^t + S_i^b = b_{k'i}^t, & \forall i; \\ \sum_{k=1}^{K} z_k^t = 1, \quad z_k^t \ge 0, & \forall k; \\ s_n^x \ge 0, \ \forall n; \ s_m^y \ge 0, \ \forall m; \ s_i^b \ge 0, \ \forall i \end{cases}$$

其中，$(x^{t, k'}, y^{t, k'}, b^{t, k'})$ 是行业 k' 的投入与产出向量，(g^x, g^y, g^b) 代表好产出扩张、坏产出和投入压缩的取值为正的方向向量，(S_n^x, s_m^y, s_i^b) 代表投入与产出松弛的向量。给定投入组合后，设定的权数为方向性向量，同时寻找"好"产出（y）的最大化以及"坏"产出（b）的最小化。

类似传统技术效率的定义，环境技术效率的测算也可以定义为：

$$ETE = \frac{1}{1 + D_0^t(x^{t,\,k'},\ y^{t,\,k'},\ b^{t,\,k'},\ g^x,\ g^y,\ g^b)} \tag{3.3}$$

3.1.3 Global Malmquist-Luenberger（GML）指数模型

在已有研究中，Malmquist-Luenberger（ML）指数可以分解成两部分：一部分测度技术进步（TECH），另一部分测度效率改进（EFFCH）。类似地，我们参照 Oh D. H. A（2010）的文献，将 GML 指数分解为技术进步（EC）指数和效率改进（BPC）指数两个部分，如式（3.4）所示：

$$
\begin{aligned}
GML^{t,\,t+1} &= \frac{\vec{S}^G(x^t,\ y^t,\ b^t;\ y^t,\ -b^t)}{\vec{S}^G(x^{t+1},\ y^{t+1},\ b^{t+1};\ y^{t+1},\ -b^{t+1})} \\[2mm]
&= \frac{\vec{S}^t(x^t,\ y^t,\ b^t;\ y^t,\ -b^t)}{\vec{S}^{t+1}(x^{t+1},\ y^{t+1},\ b^{t+1};\ y^{t+1},\ -b^{t+1})} \\[2mm]
&\quad \times \frac{\vec{S}^G(x^t,\ y^t,\ b^t;\ y^t,\ -b^t)/\vec{S}^t(x^t,\ y^t,\ b^t;\ y^t,\ -b^t)}{\vec{S}^G(x^{t+1},\ y^{t+1},\ b^{t+1};\ y^{t+1},\ -b^{t+1})/\vec{S}^{t+1}(x^{t+1},\ y^{t+1},\ b^{t+1};\ y^{t+1},\ -b^{t+1})} \\[2mm]
&= \frac{TE^{t+1}}{TE^t} \times \left[\frac{BPG_{t+1}^{t,\,t+1}}{BPG_t^{t,\,t+1}}\right] \\[2mm]
&= EC^{t,\,t+1} \times BPC^{t,\,t+1}
\end{aligned}
\tag{3.4}
$$

其中，$\vec{S}(x,\ y,\ b;\ g) = 1 + \vec{D}(x,\ y,\ b;\ g)$，$\vec{D}_0^G(x^T,\ y^T,\ b^T;\ g^T) = \max\{\beta:\ (y^T,\ b^T) + \beta g^T \in p^G(x^T)\}$ 为全局方向性距离函数。为了测算与分解当期和全局的 ML 指数，分别在不变规模报酬和可变规模报酬情况下，我们采用线性规划方法计算 4 个方向性距离函数。而对于当期方向性距离函数 $\vec{D}_0^t(x^t,\ y^t,\ b^t;\ y^t,\ -b^t)$、$\vec{D}_0^{t+1}(x^{t+1},\ y^{t+1},\ b^{t+1};\ y^{t+1},\ -b^{t+1})$ 使用 t 期或 $t+1$ 期的观测值，但却利用整个时间段的生产函数，以 t 为例，其当期方向性距离函数可通过求解如下线性规划得到。

$$\vec{D}_0^t(x^t,\ y^t,\ b^t;\ y^t,\ -b^t) = \max\beta$$

$$
s.t. \begin{cases}
\sum_{k=1}^{K} z_k^t y_{km}^t \geqslant (1+\beta) y_m^t, \ m = 1, \cdots, M \\[2mm]
\sum_{k=1}^{K} z_k^t b_{kj}^t = (1-\beta) b_j^t, \ j = 1, \cdots, J \\[2mm]
\sum_{k=1}^{K} z_k^t x_{kn}^t \leqslant (1-\beta) x_n^t, \ n = 1, \cdots, N \\[2mm]
z_k^t \geqslant 0, \ k = 1, \cdots, K
\end{cases} \tag{3.5}
$$

与当期方向性距离函数相比，全局方向性距离函数在构建生产可能集时，需要检测整个时段内的生产技术，则 t 期的全局方向性距离函数求解模型如式（3.6）所示：

$$
\vec{D}_0^G (x^t, \ y^t, \ b^t; \ y^t, \ -b^t) = \max\beta
$$

$$
s.t. \begin{cases}
\sum_{t=1}^{T} \sum_{k=1}^{K} z_k^t y_{km}^t \geqslant (1+\beta) y_m^t, \ m = 1, \cdots, M \\[2mm]
\sum_{t=1}^{T} \sum_{k=1}^{K} z_k^t b_{kj}^t = (1-\beta) b_j^t, \ j = 1, \cdots, J \\[2mm]
\sum_{t=1}^{T} \sum_{k=1}^{K} z_k^t x_{kn}^t \leqslant (1-\beta) x_n^t, \ n = 1, \cdots, N \\[2mm]
z_k^t \geqslant 0, \ k = 1, \cdots, K
\end{cases} \tag{3.6}
$$

3.2 相关指标的选取与数据处理

3.2.1 样本选取

这里以 2003~2012 年中国内地 30 个省份（因西藏自治区数据不全，故在此不考虑）的战略性新兴产业为例，对其进行实证分析，部分省份个别年份数据缺失采用取前后两年的平均数的方式予以补齐。数据根据历年的《中国统计年鉴》、《中国环境统计年鉴》、《中国能源统计年鉴》、《中国高技术产业统计年鉴》以及各省的统计年鉴等综合整理而得。

（1）产业选取。目前，对战略性新兴产业尚未形成一个统一的统计调查体系，因此在相关数据的搜集时缺少一个统一的口径。因此，需要首先对产业有个合理的分类和选取。目前对战略性新兴产业的分类存在三个国家级标准，分别是工信部编制的《战略性新兴产业分类目录（征求意见稿）》、国家统计局发布的《战略性新兴产业分类（试行）》和国家发展和改革委员会的《战略性新兴产业重点产品和服务指导目录》，这三个标准在其分类内容上存在差异，经过仔细对比，我们发现国家统计局的分类标准中将战略性新兴产业的小类和《国民经济行业分类》中的四位码行业实现了相关的衔接，这为数据统计提供了一个很好的便利。因此，我们参照国家统计局的分类标准，对战略性新兴产业中的小类进行剔除和归并，得到可以进行实际统计的战略性产业的分类。选取了节能环保、新材料、新一代信息技术、新能源、生物医药、新能源汽车和高端设备制造这七大战略性新兴产业进行分析。

（2）区域划分。本书在区域划分参考更为详细的八个区域划分，但结合研究对象特征也有稍许不同。这里将研究样本中的30个省份划分为华北、东北、华东、华中、华南、西南、西北七个区域，由于原八个区域中青海地区只包括青海和西藏两个省份，而西藏不在考察范围内，故将青海省加入西北地区，因此原来的八个区域变成七个区域。其中，华北地区包括北京、河北、天津、山东、河南、内蒙古、山西7个省市，东北地区包括辽宁、黑龙江、吉林3个省市，华东地区包括上海、浙江、安徽、江苏4个省市，西北地区包括陕西、宁夏、青海、甘肃、新疆5个省市，西南地区包括贵州、四川、重庆、云南4个省市，华南地区包括福建、海南、广西、广东4个省市，华中地区包括湖南、湖北、江西3个省市，全国区域划分如表3-1所示。

表3-1 全国区域划分

全国	华北地区	北京、河北、天津、山东、河南、内蒙古、山西
	东北地区	辽宁、黑龙江、吉林
	华东地区	上海、浙江、安徽、江苏
	华中地区	湖南、湖北、江西
	华南地区	福建、海南、广西、广东
	西南地区	贵州、四川、重庆、云南
	西北地区	陕西、宁夏、青海、甘肃、新疆

3.2.2 变量选取与数据处理

在环境技术效率测度的已有研究中，其测度指标的内容也是十分丰富和多样的。但总结已有研究过程，可以发现一定的规律。投入变量大都包含资本投入和劳动投入，其中资本投入的指标数据选取与处理方式可能有所不同，主要体现在折旧率的选择，这就要求在研究过程中，要权衡各种方式的利弊。产出变量包含"好"产出和"坏"产出变量，或称期望产出和非期望产出变量。其中，期望产出大都用代表产业增长的总产值表示，非期望产出大都用能够表示环境污染程度的指标表示，这些污染指标包含固体、液体和气体等不同类型。

结合战略性新兴产业的特点，在投入和产出指标的选择上，与传统产业环境技术效率测度指标的选择当然也会有所区别。在前文中，本书提到战略性新兴产业是经济增长的先导产业，具有知识与技术密集型等特点，与技术创新密不可分，因此，在其环境技术效率测度指标的选择上要体现其高技术的特点。在投入指标中，加入技术投入的相关变量；在产出指标的期望产出中，加入技术增长的相关变量，结合实际情况，选取适合战略性新兴产业环境技术效率的投入产出变量。

假定生产过程中存在三种投入变量：资本投入、劳动投入、技术投入；七种产出变量，其中期望产出有产业增长、技术增长，非期望产出有烟尘排放量、废水排放量、COD 排放量、SO_2 排放量、CO_2 排放量。

（1）投入变量。资本投入采用年固定资产投资额进行度量，将固定资产投资额折算成以 2003 年为基期的价格指数，根据吴延瑞（2008）研究中采用的使用各个省份的折旧率对其进行折算，单位是亿元；国外的文献一般采用人均劳动时间度量劳动投入，但是因为国内的年鉴没有对我国各产业的人均劳动时间进行统计，目前获取该数据比较困难，所以仍然采用年平均从业人数进行度量，为了方便计算，单位统一为万人；为了体现战略性新兴产业知识和技术密集性的特点，增加了技术投入作为投入变量，技术投入可以从多方面体现，现有的文献一般采用 R&D 经费内部支出进行度量，通过 GDP 折算指数折算成以 2003 年为基期的不变价格，单位是亿元。

（2）期望产出变量。选取战略性新兴产业各产业总产值和拥有发明专利数度量期望产出，同样地，以历年生产总值指数为折算系数，将其折算成以 2003 年为基期的不变价格，单位是亿元；综合多方面考虑，采用拥有发明专利数作为度量技术增长的指标，数据无须进行调整，单位是项。

（3）非期望产出变量。现有文献中关于非期望产出的选取标准各不相同，归结起来，一般是选取固体废物排放量、烟尘排放量、粉尘排放量、废水排放量和空气中的废气排放量。五种污染物又包括很多具体的污染物，基于数据的可得性，这里选取烟尘排放量、废水排放量、废水中的 COD 排放量、SO_2 排放量和 CO_2 排放量为非期望产出变量。

烟尘排放量包括燃料的灰尘颗粒物、未燃尽颗粒、可见其他颗粒物质等，是空气中的固体颗粒，单位是吨。

废水排放量是指企业提取的各种水经使用后，排放到企业生产经营活动范围以外的废水量，包括经净化处理达到环保排放标准的废水、未经净化处理的废水和虽经净化处理但未达到环保排放标准的废水。废水排放量的单位为万吨。

COD（Chemical Oxygen Demand，化学需氧量）指的是在强酸性条件下重铬酸钾氧化一升污水中有机物所需的氧气含量，可大致表示污水中的有机物量，是反映水体有机污染程度的一项重要指标。COD 排放量的计算公式为：

C（COD 的浓度 mg/L）$\times V$（污水排放量 m^3/s）$\times$ 全年工作时间 $\times 1000000 = COD$，单位是吨/年。

二氧化硫是空气中废气的主要成分，是工业生产中废气污染的主要产物，容易形成酸雨，危害大自然和人们的生命财产安全。二氧化硫的计算公式如下：

SO_2 排放量（kg）$= Y$ 毫克/立方米 $\times$ 废气排放体积（立方米）$\times 1/1000000$。

CO_2 是温室效应的罪魁祸首，CO_2 排放量在目前没有一个统一的计算公式，这里采用标准煤中含碳量转化的方式，其计算公式为：CO_2 排放量 = 能源消费 $\times 0.68 \times 3.67$，单位是万吨。其中，含碳能源一般是指煤炭、石油和天然气等在消费过程中会释放出 CO_2 的能源，这里含碳能源消费量选自各省市统计年鉴中分行业能源消费总量（以标准煤计算）。CO_2 气化系数指碳完全氧化成为二氧化碳之后与之前的质量之比，是一个标准量 3.67；CO_2 气化系数采用国家发改委能源研究所制定的系数 0.68。

以上各项变量指标和指标说明如表 3-2 所示。

表 3-2　环境技术效率测量投入产出变量

	变量	指标	指标说明
投入	资本投入	固定资产投资额	以固定资产投资价格指数为折算系数，折算成以 2003 年为基期的不变价格指数
	劳动投入	从业人数	采用年平均从业人数，无须调整
	技术投入	R&D 经费	采用 R&D 经费内部支出，以 GDP 折算指数折算成以 2003 年为基期的不变价格
期望产出	产业增长	总产值	以历年生产总值指数为折算系数，折算成以 2003 年为基期的不变价格
	技术增长	拥有发明专利数	无须调整
非期望产出	环境污染	烟尘排放量	指在生产工艺过程中排放的颗粒物重量
		废水排放量	废水排放量企业有计量装置的，按计量装置计量数据计算排放量；没有计量装置的，依据有关管理部门规定的计算方法计算排放量
		COD 排放量	废水中的 COD 是我国环境管制的主要监控指标
		SO_2 排放量	废气中的 SO_2 是我国环境管制的主要监控指标
		CO_2 排放量	目前没有直接的数据，可通过相关方法计算而得

3.3　战略性新兴产业环境技术效率的产业差异

3.3.1　环境技术效率的产业差异分析

基于上文中的投入与产出变量选取情况，使用战略性新兴产业中七大产业在 2003~2012 年的投入产出相关数据，以上文中的线性规划为基础，在非期望产出弱可处置性和可变规模报酬的条件下，对战略性新兴产业中七大产业2003~2012 年的环境技术效率进行测算，得到各产业 2003~2012 年的环境技术效率的测算结果如表 3-3 所示。

表 3-3 战略性新兴产业 2003~2012 年各产业环境技术效率

产业\年份	2003	2004	2005	2006	2007	2008	2009	2010	2011	2012	均值
节能环保	0.68	0.66	0.66	0.63	0.64	0.63	0.61	0.52	0.58	0.65	0.63
新一代信息技术	0.62	0.53	0.61	0.43	0.57	0.52	0.52	0.61	0.66	0.60	0.57
生物医药	0.51	0.51	0.52	0.49	0.50	0.44	0.66	0.64	0.61	0.63	0.55
高端装备制造	0.52	0.65	0.54	0.68	0.63	0.63	0.70	0.75	0.76	0.76	0.66
新能源	0.77	0.76	0.75	0.73	0.72	0.69	0.73	0.71	0.69	0.72	0.73
新材料	0.69	0.70	0.63	0.61	0.63	0.58	0.42	0.51	0.52	0.56	0.59
新能源汽车	0.69	0.65	0.71	0.64	0.61	0.67	0.70	0.69	0.72	0.71	0.68
均值	0.64	0.64	0.63	0.60	0.62	0.60	0.62	0.63	0.65	0.66	0.63

从表 3-3 中可以看出，战略性新兴产业的环境技术效率普遍偏低，处于（0.5，0.8）之间。2003~2012 年的七大产业年平均值情况分别为：节能环保产业的环境技术效率年均值为 0.63，新一代信息技术产业的环境技术效率年均值为 0.57，生物医药产业的环境技术效率年均值为 0.55，高端装备制造业的环境技术效率年均值为 0.66，新能源产业的环境技术效率年均值为 0.73，材料产业的环境技术效率年均值为 0.59，新能源汽车产业的环境技术效率年均值为 0.68，而整个战略性新兴产业的环境技术效率年均值为 0.63。这说明在战略性新兴产业的七大产业中，新能源产业的环境技术效率最高，而生物医药产业的环境技术效率最低，节能环保产业的环境技术效率基本与产业均值持平，所得结果比较符合中国的实际发展状况。

从战略性新兴产业的角度来看，战略性新兴产业在 2003~2012 年的环境技术效率依次为：0.64、0.64、0.63、0.60、0.62、0.60、0.62、0.63、0.65、0.66。为了更好并更直观地表现出战略性新兴产业环境技术效率在 2003~2012 年随时间的变化趋势，本书绘出战略性新兴产业环境技术效率平均值的时间折线图，如图 3-1 所示。

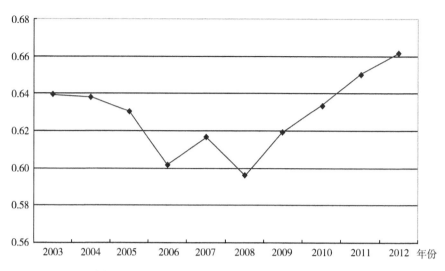

图 3-1　2003~2012 年各产业环境技术效率平均值

由图 3-1 可以清晰地看到，中国战略性新兴产业各产业的环境技术效率均值的变化还是十分有规律的。在 2003~2006 年，总体的环境技术效率均值是呈下降趋势，说明该时期总体上产业的生产对资源的利用率降低，整体是以牺牲环境资源为代价的。在 2007 年出现了一个小的波动，这时的环境技术效率均值有轻微的上浮，但在 2008 年又有所下降。这可以理解为，虽然当时相关政策出台，但是整体的发展环境和政策仍然不是很完善，导致了这次短暂的浮动。从 2008 年开始到 2012 年，环境技术效率又逐年递增，可能是因为相关政策出台并不断完善以及人们对可持续发展有了清醒认识后，战略性新兴产业得到很好了发展，从而其环境技术效率也相应上升。

3.3.2　产业环境技术效率的增长状况

根据上文所得到的 2003~2012 年战略性新兴产业七大产业环境技术效率，本书将进一步测算战略性新兴产业环境技术效率的变动情况，得到各产业环境技术效率的 GML 指数，并将其分解为技术进步（EC）指数和效率改进（BPC）指数，具体结果如表 3-4 所示。

表 3-4   2003~2012 年各产业环境技术效率 GML 指数及其分解（累积值）

产业	考虑非期望产出：GML 指数			不考虑非期望产出：GML 指数		
	GML	EC	BPC	GML	EC	BPC
节能环保	1.135	0.991	1.168	1.441	1.006	1.462
新一代信息技术	0.690	1.372	0.512	1.079	0.729	1.509
生物医药	0.981	1.013	0.988	1.184	1.020	1.184
高端装备制造	1.236	1.193	1.109	1.277	1.020	1.277
新能源	0.599	1.111	0.550	1.110	0.823	1.375
新材料	0.659	2.050	0.327	0.836	0.489	1.746
新能源汽车	0.966	0.925	1.066	1.203	0.585	2.094
均值	0.896	1.236	0.817	1.162	0.810	1.521
标准差	0.249	0.389	0.343	0.187	0.218	0.310

由表 3-4 可知，在考虑非期望产出的情况下，2003~2012 年我国战略性新兴产业环境技术效率平均增长指数为 0.896，表明在资源环境约束下，十年间我国战略性新兴产业环境技术效率的变动总体上显现下降的趋势，下降了10.4%。这主要源于效率改进（BPC）的落后，而技术进步（EC）的值大于1，对环境技术效率的变动有正的推进作用。产业之间的差异主要来源于技术进步（EC），再一次说明了技术的重要性。当考虑非期望产出时，除节能环保、高端装备制造业之外，其他产业的环境生产效率都是下降的，这是由于这两个产业的发展基础较好。另外，生物医药、新能源汽车产业的环境技术效率的变动接近于 1，说明其发展也渐渐趋于成熟的阶段。

而当不考虑非期望产出时，所有产业的环境技术效率都有明显的上升，这时产业平均环境技术效率增长指数为 1.162。这说明不考虑环境因素影响时明显会高估环境技术效率的增长，产业间的差异也变小。当未考虑非期望产出弱可处置性时，大多数产业的技术进步程度被低估，而效率改进程度被高估，说明高能耗、高污染使得生产者将主要精力没有放在提高生产技术水平上，而是放在节能降耗上，使得技术进步程度暂时被环境污染治理拉低了，而技术效率只是"被动"地提高了。

为了进一步比较 GML 与 ML 指数的不同，我们利用 ML 指数测度环境技术效率的增长、技术进步（TECH）和效率改进（EFFCH），结果如表 3-5 所示。

表 3-5　2003~2012 年各产业环境技术效率 ML 指数及其分解（累积值）

产业	考虑非期望产出：ML 指数			不考虑非期望产出：ML 指数		
	ML	TECH	EFFCH	ML	TECH	EFFCH
节能环保	0.957	0.984	0.991	1.044	1.030	1.034
新一代信息技术	1.048	1.082	0.986	1.054	1.049	1.025
生物医药	1.089	1.098	1.013	1.055	1.055	1.020
高端装备制造	1.201	1.116	1.098	1.063	1.065	1.018
新能源	0.963	0.999	0.983	1.082	1.022	1.080
新材料	0.910	0.946	0.982	1.143	1.143	1.020
新能源汽车	1.048	1.101	0.971	1.145	1.164	1.004
均值	1.030	1.047	1.004	1.084	1.075	1.029
标准差	0.098	0.068	0.044	0.043	0.056	0.024

由表 3-5 可以看出，相对于 GML 指数，ML 指数明显高估了环境技术效率、技术进步和效率改进的程度，这和利用当期 DEA 方法测度技术进步率时有可能出现技术倒退的理论有所不符，可能是由其他因素造成的。环境技术效率增长的产业间差异是明显缩小的，这可能是由于 ML 指数采用相邻两期投入产出数据的几何平均形式平滑了生产效率的波动[①]。此时，技术进步是环境技术效率增长的主要原因。

为了进一步形成对比，我们采用 ML 指数估计了不考虑非期望产出情况下的技术进步（MLTECH）和效率变化（MLEFFCH）。结果显示，在未考虑环境污染情况下，2003~2012 年间我国战略性新兴产业技术效率的增长高于考虑环境污染情况的环境技术效率的增长，产业间差异减小，这也主要是因为未考虑资源环境因素时，高估了技术效率的增长。

---

① 齐亚伟，陶长琪. 我国区域环境全要素生产率增长的测度与分解 [J]. 上海经济研究，2012（10）：3-13.

3.4 战略性新兴产业环境技术效率的区域差异

3.4.1 环境技术效率的区域差异分析

同样，依据上文中投入与产出变量的选取情况，运用战略性新兴产业各省市在 2003~2012 年的投入与产出的相关数据，本章利用上文中所述的方向性距离函数，在可变规模报酬以及非期望产出弱可处置性的情况下，对战略性新兴产业各省市 2003~2012 年的环境技术效率进行测算，得到各省市 2003~2012 年的环境技术效率的测算结果如表 3-6 所示。

表 3-6　战略性新兴产业 2003~2012 年各省（市）环境技术效率值

年份 地区	2003	2004	2005	2006	2007	2008	2009	2010	2011	2012	均值
北京	0.74	0.77	0.78	0.79	0.80	0.77	0.74	0.76	0.76	0.77	0.77
天津	0.71	0.73	0.69	0.70	0.67	0.67	0.68	0.73	0.70	0.73	0.70
河北	0.68	0.76	0.78	0.79	0.78	0.76	0.74	0.78	0.78	0.78	0.76
河南	0.58	0.63	0.70	0.73	0.71	0.72	0.70	0.73	0.71	0.70	0.69
山东	0.65	0.76	0.70	0.68	0.66	0.64	0.65	0.66	0.64	0.64	0.67
山西	0.69	0.69	0.62	0.58	0.53	0.44	0.57	0.63	0.62	0.68	0.61
内蒙古	0.61	0.61	0.64	0.57	0.46	0.43	0.53	0.58	0.49	0.52	0.54
华北地区	0.67	0.71	0.70	0.69	0.66	0.63	0.66	0.67	0.67	0.69	0.68
辽宁	0.66	0.69	0.70	0.70	0.72	0.69	0.67	0.72	0.72	0.74	0.70
吉林	0.74	0.76	0.78	0.75	0.75	0.72	0.76	0.78	0.69	0.74	0.75
黑龙江	0.75	0.74	0.74	0.74	0.75	0.71	0.72	0.76	0.77	0.77	0.75
东北地区	0.72	0.73	0.74	0.73	0.74	0.71	0.72	0.75	0.73	0.75	0.73
上海	0.71	0.72	0.75	0.72	0.65	0.52	0.57	0.76	0.80	0.80	0.70
江苏	0.68	0.65	0.64	0.63	0.68	0.68	0.69	0.66	0.66	0.70	0.67
浙江	0.68	0.67	0.66	0.65	0.64	0.67	0.67	0.69	0.70	0.71	0.68
安徽	0.84	0.85	0.82	0.79	0.81	0.82	0.84	0.81	0.82	0.75	0.82

续表

地区 \ 年份	2003	2004	2005	2006	2007	2008	2009	2010	2011	2012	均值
华东地区	0.73	0.72	0.72	0.69	0.71	0.67	0.69	0.73	0.75	0.74	0.71
湖北	0.78	0.77	0.79	0.74	0.76	0.75	0.74	0.76	0.76	0.73	0.76
湖南	0.74	0.77	0.75	0.72	0.68	0.68	0.73	0.73	0.74	0.71	0.73
江西	0.71	0.78	0.79	0.80	0.81	0.79	0.77	0.79	0.77	0.73	0.78
华中地区	0.74	0.78	0.78	0.75	0.75	0.74	0.75	0.76	0.76	0.72	0.75
福建	0.72	0.72	0.74	0.72	0.72	0.71	0.71	0.73	0.73	0.74	0.72
广东	0.73	0.69	0.68	0.68	0.64	0.65	0.64	0.62	0.53	0.59	0.65
广西	0.63	0.63	0.54	0.62	0.44	0.58	0.53	0.53	0.62	0.67	0.58
海南	0.53	0.52	0.52	0.53	0.50	0.51	0.45	0.67	0.65	0.62	0.55
华南地区	0.66	0.64	0.62	0.64	0.58	0.61	0.58	0.64	0.63	0.66	0.62
重庆	0.53	0.53	0.67	0.55	0.69	0.65	0.64	0.72	0.77	0.77	0.65
四川	0.75	0.79	0.77	0.76	0.75	0.74	0.71	0.74	0.72	0.71	0.74
贵州	0.73	0.70	0.72	0.64	0.62	0.65	0.59	0.43	0.52	0.53	0.61
云南	0.73	0.70	0.66	0.72	0.65	0.63	0.69	0.71	0.70	0.74	0.69
西南地区	0.68	0.68	0.70	0.67	0.68	0.66	0.66	0.65	0.68	0.69	0.68
陕西	0.66	0.71	0.71	0.69	0.68	0.67	0.70	0.68	0.75	0.71	0.70
甘肃	0.66	0.67	0.53	0.61	0.58	0.69	0.73	0.76	0.80	0.76	0.68
宁夏	0.70	0.65	0.83	0.53	0.60	0.61	0.66	0.48	0.52	0.58	0.61
新疆	0.68	0.67	0.58	0.59	0.59	0.54	0.54	0.49	0.66	0.53	0.59
青海	0.53	0.53	0.53	0.60	0.51	0.48	0.52	0.59	0.53	0.51	0.53
西北地区	0.65	0.65	0.64	0.60	0.59	0.60	0.63	0.60	0.65	0.61	0.62
全国	0.69	0.70	0.70	0.68	0.67	0.66	0.67	0.69	0.70	0.69	0.68

　　从表 3-6 中可以看到，战略性新兴产业各个区域的环境技术效率在 2003~2012 年的年均值情况分别为：华北地区的环境技术效率年均值为 0.68，东北地区的环境技术效率年均值为 0.73，华东地区的环境技术效率年均值为 0.71，华中地区的环境技术效率年均值为 0.75，华南地区的环境技术效率年均值为 0.62，西南地区的环境技术效率年均值为 0.68，西北地区的环境技术效率年均值为 0.62。因此，区域中的环境技术效率的高低顺序依次是：华中

地区、东北地区、华东地区、华北地区和西南地区并列，华南地区和西北地区并列。

从战略性新兴产业的角度来看，战略性新兴产业在 2003~2012 年的各省市环境技术效率的平均值依次为：0.69、0.70、0.70、0.68、0.67、0.66、0.67、0.69、0.70、0.69。同样，为了更好更直观地表现出战略性新兴产业各省市环境技术效率平均值在 2003~2012 年随时间的变化趋势，绘制出 2003~2012 年间战略性新兴产业各省市环境技术效率平均值的折线图，如图 3-2 所示。

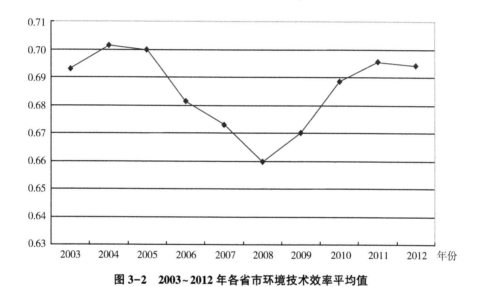

图 3-2　2003~2012 年各省市环境技术效率平均值

由图 3-2 可以看到，中国战略性新兴产业的各省市环境技术效率均值和各产业的均值在总体上是基本一致的。表现在，2003~2007 年，虽然其中有小的波动，但是总体的环境技术效率均值是呈下降趋势，从 2008 年开始到 2012 年环境技术效率也是逐年递增的，这些现象与前面的产业均值变化的原因是相关的，与相关政策出台与今后发展趋势都密不可分。

3.4.2　区域环境技术效率的增长状况

根据所得环境技术效率测算 2003~2012 年中国 30 个省市的环境技术效率

的变动，得出全国各省市环境技术效率的 GML 指数，并将其分解为技术进步（EC）指数和效率改进（BPC）指数，具体结果如表 3-7 所示。

表 3-7 2003~2012 年我国战略性新兴产业环境技术效率 GML 指数及其分解（累积值）

省（市、自治区）	考虑非期望产出：GML 指数			不考虑非期望产出：GML 指数		
	GML	EC	BPC	GML	EC	BPC
北京	2.270	1.099	2.273	2.536	1.124	2.479
天津	1.763	1.033	1.878	2.839	1.062	2.943
河北	1.483	1.085	1.505	1.717	0.845	2.235
河南	1.016	1.294	0.865	1.367	0.745	2.021
山东	1.354	0.869	1.715	1.810	1.195	1.665
山西	1.771	0.741	2.626	1.708	0.732	2.570
内蒙古	1.760	1.659	1.167	1.499	0.645	2.558
华北地区	1.631	1.111	1.718	1.925	0.906	2.353
辽宁	1.036	1.320	0.864	1.519	0.657	2.545
吉林	0.640	1.492	0.472	1.577	0.653	2.653
黑龙江	0.653	1.496	0.481	1.505	0.761	2.175
东北地区	0.777	1.436	0.605	1.533	0.691	2.457
上海	1.713	0.967	1.948	2.357	1.110	2.336
江苏	1.217	1.122	1.192	1.522	1.085	1.543
浙江	1.428	1.100	1.428	1.654	1.040	1.750
安徽	0.677	1.356	0.549	1.311	0.743	1.943
华东地区	1.258	1.136	1.279	1.712	0.994	1.893
湖北	0.943	1.067	0.971	1.635	0.776	2.319
湖南	0.719	1.943	0.407	1.068	0.560	2.100
江西	0.730	1.372	0.585	1.339	0.633	2.327
华中地区	0.798	1.461	0.655	1.348	0.656	2.248
福建	1.140	1.106	1.133	1.514	1.074	1.551
广东	1.224	1.069	1.260	1.554	1.085	1.576
广西	0.744	1.480	0.552	1.164	0.787	1.627
海南	1.058	1.092	1.066	1.277	1.100	1.277

续表

省（市、自治区）	考虑非期望产出：GML 指数			不考虑非期望产出：GML 指数		
	GML	EC	BPC	GML	EC	BPC
华南地区	1.042	1.187	1.003	1.377	1.011	1.508
重庆	1.333	1.287	1.196	1.377	1.100	1.377
四川	0.646	1.198	0.593	1.197	0.888	1.483
贵州	0.711	2.211	0.353	0.902	0.527	1.883
云南	1.042	0.998	1.150	1.297	0.631	2.258
西南	0.933	1.423	0.823	1.194	0.787	1.750
陕西	0.694	1.201	0.636	1.141	0.564	2.222
甘肃	1.173	1.359	0.949	1.178	0.585	2.214
宁夏	0.807	0.945	0.941	3.243	1.316	2.712
新疆	2.950	0.966	3.361	4.074	1.436	3.123
青海	1.934	1.064	2.000	2.619	1.100	2.619
西北地区	1.511	1.107	1.577	2.451	1.000	2.578
全国	1.221	1.233	1.203	1.717	0.886	2.136
标准差	0.551	0.310	0.711	0.707	0.251	0.483

由表 3-7 可知，当考虑非期望产出时，除河南、吉林、辽宁、黑龙江、安徽、湖南、湖北、江西、海南、广西、贵州、四川、云南、陕西、宁夏等省市之外，其他省市的环境技术效率都有所增长。从区域上看，华北、西北地区的环境技术效率增长的速度较快，华东、华南、西南地区次之，华中、东北地区的增长最慢。

而当不考虑非期望产出时，所有省市的技术效率都有明显的上升，全国各省市平均技术效率增长指数的上升再一次表明了不考虑环境规制时容易高估环境技术效率的增长。与前面的产业分析类似，此时，绝大多数省市的技术进步程度被低估，而效率改进程度被高估。

同样，为了再一次比较 GML 与 ML 指数结果的不同的，利用 ML 指数测度环境技术效率的增长、技术进步（MLTECH）和效率改进（MLEFFCH），结果如表 3-8 所示。

表 3-8 2003~2012 年我国战略性新兴产业环境技术效率 ML 指数
及其分解（累积值）

省（市、自治区）	考虑非期望产出：ML 指数			不考虑非期望产出：ML 指数		
	ML	TECH	EFFCH	ML	TECH	EFFCH
北京	1.104	1.104	1.104	1.104	1.104	1.104
天津	1.107	1.146	1.107	1.146	1.107	1.146
河北	1.118	1.122	1.118	1.122	1.118	1.122
河南	1.154	1.084	1.154	1.084	1.154	1.084
山东	1.013	1.097	1.013	1.097	1.013	1.097
山西	1.093	1.280	1.093	1.280	1.093	1.280
内蒙古	1.041	1.161	1.041	1.161	1.041	1.161
华北地区	1.090	1.142	1.090	1.142	1.090	1.142
辽宁	1.137	1.137	1.137	1.137	1.137	1.137
吉林	1.082	1.113	1.082	1.113	1.082	1.113
黑龙江	1.118	1.146	1.118	1.146	1.118	1.146
东北地区	1.112	1.132	1.112	1.132	1.112	1.132
上海	1.167	1.329	1.167	1.329	1.167	1.329
江苏	1.135	1.112	1.135	1.112	1.135	1.112
浙江	1.133	1.133	1.133	1.133	1.133	1.133
安徽	1.021	1.048	1.021	1.048	1.021	1.048
华东地区	1.114	1.156	1.114	1.156	1.114	1.156
湖北	1.068	1.089	1.068	1.089	1.068	1.089
湖南	1.052	1.121	1.052	1.121	1.052	1.121
江西	1.060	1.053	1.060	1.053	1.060	1.053
华中地区	1.060	1.088	1.060	1.088	1.060	1.088
福建	1.119	1.130	1.119	1.130	1.119	1.130
广东	1.032	1.062	1.032	1.062	1.032	1.062
广西	1.130	1.167	1.130	1.167	1.130	1.167
海南	1.175	1.184	1.175	1.184	1.175	1.184
华南地区	1.114	1.135	1.114	1.135	1.114	1.135
重庆	1.295	1.203	1.295	1.203	1.295	1.203
四川	1.038	1.077	1.038	1.077	1.038	1.077
贵州	0.981	1.020	0.981	1.020	0.981	1.020

续表

省（市、自治区）	考虑非期望产出：ML 指数			不考虑非期望产出：ML 指数		
	ML	TECH	EFFCH	ML	TECH	EFFCH
云南	1.130	1.187	1.130	1.187	1.130	1.187
西南地区	1.111	1.122	1.111	1.122	1.111	1.122
陕西	1.100	1.130	1.100	1.130	1.100	1.130
甘肃	1.173	1.154	1.173	1.154	1.173	1.154
宁夏	1.048	1.075	1.048	1.075	1.048	1.075
新疆	1.001	1.093	1.001	1.093	1.001	1.093
青海	1.082	1.120	1.082	1.120	1.082	1.120
西北地区	1.076	1.111	1.076	1.111	1.076	1.111
全国	1.095	1.128	1.095	1.128	1.095	1.128
标准差	0.065	0.065	0.065	0.065	0.065	0.065

由表 3-8 可以看出，相对于 GML 指数，各个区域的 ML 指数大小发生了明显的变化，同时环境技术效率增长的区域间差异也明显缩小了。在采用 ML 指数估计不考虑非期望产出情况下的技术进步（MLTECH）和效率变化（MLEFFCH）后，其结果显示，在未考虑环境污染情况下，2003~2012 年我国战略性新兴产业环境技术效率的增长高于环境技术效率的增长，进一步印证了未考虑资源环境因素时容易高估技术效率的增长的说法。

3.5　战略性新兴产业环境技术效率的收敛性分析

3.5.1　战略性新兴产业环境技术效率产业间收敛性分析

在对战略性新兴产业各产业间进行收敛性分析时，本书使用既简单又有效的 σ 收敛检验方法。σ 收敛研究不同决策单元的离差随时间推移而变化的情况，如果离差趋于下降，则说明各决策单元的增长存在 σ 收敛，常用的有变异系数、泰尔指数、基尼系数等。其中变异系数的别名为"标准差率"，是一个统计量，用于衡量研究资料中各个观测值的变异程度。在比较两个及其以上研究资料的变异程度时，当度量单位与平均数相同的时候，就可直接采用标准差形式来比较结果，这与本书的研究正好迎合。若单位和（或）平均数不同时，则不能直接采用标准差进行变异程度的比较，此时需比较标准差与平均数的比值（相对值）。两者的比值称为变异系数，记为 CV，即 $CV = \sigma / \mu$，变异系数的别称为离散系数，它反映的是单位均值上的离散程度，常用来比较两个不等总体均值的离散程度。

例如，为了描述中国省市间经济增长水平绝对差异的变化状况，本书选用省区间实际人均 GDP 的对数形式［用 $\ln(Y_{it})$ 表示］标准差指标来反映，计算公式如式（3.7）所示。

$$y_{it} = \ln(Y_{it}) \, , \ y_t = \frac{1}{N} \sum_{i=1}^{N} y_{it}, \ i = 1, \ 2, \ \cdots, \ N; \ t = 1, \ 2, \ \cdots, \ T$$

$$\sigma_t = \sqrt{\frac{1}{N-1} \sum_{i=1}^{N} (y_{it} - y_t)^2} \tag{3.7}$$

当 $\sigma_{t+1} < \sigma_t$ 时，说明中国地区经济增长 σ 收敛的存在性。

在此使用我国各省区每一时段的实际人均 GDP 的对数形式进行常数（Constant）回归。

$$y_{it} = y_t + \varepsilon_{it} \tag{3.8}$$

其中，$i = 1, \ 2, \ \cdots, \ N$；$t = 1, \ 2, \ \cdots, \ T$。可知，对于方程残差项 ε_{it} 方差的估计则是 σ_t^2。

在此使用七大产业环境技术效率数据，利用 σ 收敛检验方法计算我国 2003～2012 年战略性新兴产业的产业间环境技术效率的标准差，并把结果绘制成折线图，如图 3-3 所示。

由图 3-3 可以看出，战略性新兴产业的行业间环境技术效率值的差异呈现明显的波动性。总体上看，2005～2006 年和 2007～2009 年，环境技术效率标准差随着时间逐渐上升，说明不存在 σ 收敛。其他时段的标准差都有明显的下降，说明都存在 σ 收敛。尤其是 2009～2012 年近四年的数据，标准差存在明显的长时间的下降，意味着我国战略性新兴产业各行业之间继续存在 σ 收敛的趋势，这与实际情况相符。

然而，以上的结果没有考虑产业间的相关性，存在一定误差。已有文献中，对 σ 收敛的研究大都是简单地考察各个决策单元自身的影响因素，其实

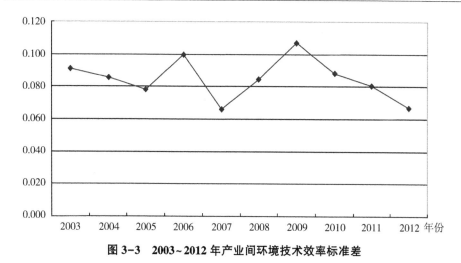

图 3-3　2003~2012 年产业间环境技术效率标准差

这里容易忽视一个问题就是在决策单元之间其发展也是相互影响的。例如，本书中各个战略性新兴产业间有的技术基础是类似的，可以相互借鉴，如果单纯地采用传统 σ 收敛检验，很容易造成结果的不准确性。因此，可以考虑产业间的相关性，将产业间的相互作用关系引入 σ 收敛性的检验，可能比单纯地使用 σ 收敛性检验的结果更加准确。当然，这只是理论上的思路，其实际操作仍存在一定的困难，比如相关性的系数如何决定等，可以放在以后进一步的研究中。

3.5.2　战略性新兴产业环境技术效率区域间收敛性分析

在考虑空间差异时常常有很多因素，其中技术效率水平是很具有代表性的一个。其变化进一步的解释为：在前沿面下的企业向在前沿面上的企业进行技术（包括管理方式、组织形式）的学习。基于技术知识的正外部性，若落后区域能够学习使用先进者的技术，那么就可以降低风险和成本，实现使用效率的提升，进而技术薄弱地区的技术增长就比技术领先地区快，这也是经济增长表现出的收敛现象。追赶者的增长潜力随着两者间的技术差距递增，那么追赶者的这种技术模仿和追赶过程就是经济增长的趋同和收敛过程，从而得出技术扩散促进经济增长收敛的结论。因此采用前面测度的省市间环境技术效率值对其空间收敛性进行检验。

β 收敛检验，这是与时间序列相关的检验方式。在本书中，β 收敛指的是经济系统的技术效率增长率与该系统的初期技术效率水平具有负相关，也就是说，若某经济系统的初期技术效率水平较低，则该系统技术效率的增长速度较快，反之，技术效率的增长率就较低。β 收敛包括绝对 β 收敛与条件 β 收敛两种形式。其中，绝对 β 收敛是指在初始技术效率不同，制度、文化等其他因素都相似的假定条件下，具有较低初始技术效率的区域其技术效率的增长率相对更高，从而所有区域最终将收敛于相同的技术效率水平。而所谓条件 β 收敛是指不同区域除了初始技术效率不同外，还具有各自不同的制度、文化等特征，因而不同的区域技术效率收敛到不同的长期均衡，从而不存在绝对的收敛，只有在模型中控制了这些特征，区域之间才呈现明显的收敛性[①]。

β 收敛的检验方程如下所示：

$$\frac{1}{T-t}\log\left(\frac{y_{iT}}{y_{it}}\right) = \alpha - \frac{1-e^{-\beta(T-t)}}{T-t}\log\left(\frac{Y_i^*}{Y_{it}}\right) + u_{it} \tag{3.9}$$

例如，为描述和分析中国经济增长差异的变化，式（3.9）中，i 代表经济单元，t 和 T 代表期初与期末时间，$T-t$ 为观察时间度，y_{it}、y_{iT} 分别表示期初、期末的人均产出、收入，α 表示稳态时的人均增长率，Y_{it} 为每个有效工人的产出，Y_i^* 为稳定状态每个有效工人的产出水平，β 为收敛速度，表示 Y_{it} 趋近于 Y_i^* 的速度，u_{it} 为误差。

若参数 β 大于零，就说明这 n 个经济区间呈 β 收敛性。收敛程度随着 β 值的增大而递增。而 β 收敛又分为条件收敛和绝对收敛，若方程的回归结果不受是否加入附加变量的影响时，则可以表现为 $\log\left(\frac{Y_i^*}{Y_{it}}\right)$ 与 $\log\left(\frac{y_{iT}}{y_{it}}\right)$ 之间的负相关性，此时就是绝对 β 收敛；若只有在加入其他有关附加变量后，回归结果才表现出负相关性，那么就是条件 β 收敛。

β 收敛作为一种典型的收敛检验方法，也只是区域收敛的必要条件，而并不是充分条件（Fallon, P.、Lampart, C., 1998）。并且 β 收敛并不能表明收敛或不平衡的动态过程（Tsionas E. G., 2002）。于是得出结论：β 收敛只能分析一定期间的收敛情况，不能分析该期间内的波动状况。

---

① 李晶，汤琼峰. 中国劳动力流动与区域经济收敛的实证研究 [J]. 经济评论，2006 (3): 65-70.

考虑到实际操作的困难，这里将采用绝对 β 收敛检验方法，借助环境技术效率值考察中国各个地区之间技术的收敛性。根据 Barro 和 Sala-i-Martin（1992）的分析，本书选择下述回归模型来进行区域技术效率的收敛性检验。

$$\gamma_{it} = \alpha + \beta \ln TE_{i0} + \varepsilon_{it} \tag{3.10}$$

其中，γ_{it} 为 0 期到 t 期间各区域的环境技术效率增长率，$\ln TE_{i0}$ 是初始时期即 0 期的技术效率，ε_{it} 表示随机扰动项。

以上模型是简化地检验 β 绝对收敛的模型。若回归的结果 β 值为负，表明收敛的存在性；反之，结果为正值则表示收敛的不存在性。根据该模型，得出最后的检验结果如表 3-9 所示。

表 3-9 中国各地区技术效率收敛性的分析（2003~2012 年）

年份	2003~2006 年	2006~2008 年	2008~2010 年	2010~2012 年
常数项	-0.098	-0.163	-0.142	-0.114
P 值	0.164	0.025	0.013	0.037
β	-0.214	-0.527	-0.440	-0.346
P 值	0.540	0.005	0.000	0.012
调整的 R^2	-0.032	0.122	0.259	0.392

从 β 系数及其统计检验可看出，2003~2012 年中国各个地区的环境技术效率都存在非常显著的收敛性，而每段时期的收敛性大小又有所不同。通过分析技术效率指标的收敛性，得出 2003~2012 年中国区域的环境技术效率都存在显著的收敛性，这归因于中国区域间技术扩散现象的显著性，这也是区域间技术效率收敛性存在的原因。其中 2006~2008 年的收敛性特别显著，这也是环境技术效率上升的阶段，2008~2010 年和 2010~2012 年的收敛性有所下降，这时的环境技术效率继续上升，只是上升的速度也有所下降。从这个研究结果似乎也可以说明，环境技术效率值的变化和区域的收敛性具有一定的联系。

对此现象进一步分析，本书认为这主要是由逐渐繁荣的区际间贸易和投资引起的。在我国存在大量的产品模仿现象，同样地，技术落后的中西部地区可以随意从技术先进的东部沿海地区进行产品的购买，引进东部先进的技术。从而使得先进的技术实现从先进的区域流向落后的区域。而目前东部发达区域中相应的企业在投资建厂时也越来越向中西部地区方向考虑，进一步促进了先进技术知识的扩散。

3.5.3 战略性新兴产业环境技术效率空间收敛性分析

随着对外开放程度的加深，地区间贸易、要素流动、知识扩散等现象日益明显和频繁，省域间存在较大的空间关联。如将各省市看作孤岛进行战略性新兴产业环境技术效率的收敛性分析必将导致结果不太符合现实。因此，以下借鉴 Anselin（1988）、Anselin 和 Rey（1991）提出的空间计量方法，将地区间的相互关系引入战略性新兴产业环境技术效率收敛性的研究。

Moran's I 指数是衡量地区间属性空间相关程度的重要指标，Moran's I 指数的表示形式如下所示：

$$I = \frac{\sum\limits_{i=1}^{n}\sum\limits_{j=1}^{n} w_{ij}(x_i - \bar{x})(x_j - \bar{x})}{\sum\limits_{i=1}^{n}\sum\limits_{j=1}^{n} w_{ij} \sum\limits_{i=1}^{n} (x_i - \bar{x})^2} = \frac{\sum\limits_{i=1}^{n}\sum\limits_{j\neq i}^{n} w_{ij}(x_i - \bar{x})(x_j - \bar{x})}{S^2 \sum\limits_{i=1}^{n}\sum\limits_{j=1}^{n} w_{ij}} \tag{3.11}$$

（3.11）式中，n 表示的是地区总数，w_{ij} 代表空间权重矩阵 W 中的相应元素，空间权重矩阵是构建空间计量模型的关键，也体现着省域间空间影响方式。这里采用基于 Rook 一阶相邻的规则设置空间权重矩阵 W，即只要两个地区拥有共同边界则视为相邻。空间权重矩阵 W 的设定方式为：主对角线上的元素一致为 0，如果地区 i 邻接于地区 j，那么 w_{ij} 为 1，否则为 0。W 经过行标准化处理，即用每个元素同时除以所在行元素之和，使得每行元素之和为 1[1]。需要说明的是，将广东省看作海南省的邻居[2]。x_i 和 x_j 分别是区域 i 和区域 j 的属性；$\bar{x} = \frac{1}{n}\sum\limits_{i=1}^{n} x_i$ 是属性的平均值；$S^2 = \frac{1}{n}\sum\limits_{i=1}^{n}(x_i - \bar{x})^2$ 是属性的方差。

Moran's I 指数的取值一般居于 -1 到 1 之间，大于 0 则表示两者之间存在正相关，数值越接近 1，越表明具有相似属性的两者集聚在一起，即存在高值与高值相邻、低值与低值相邻的状况，取值为 1 表明完全正相关；小于 0 表示

① 陶长琪，周伟贤. 中国省域经济增长模式的空间演化分析 [J]. 经济管理，2010（1）：41-49.
② 海南省与广东省虽然并不相邻接，但是海南省原为广东省的一部分，因此二者之间具有不可分割的联系。

负相关，数值越接近−1，越表明具有不同属性的两者集聚在一起，即存在高值与低值相邻、低值与高值相邻的状况，取值等于−1 则表示完全负相关；而如果 Moran's I 指数接近于 0 时表明属性是随机分布的，或者不存在空间自相关性。

本书采用 Moran's I 指数计算我国 2003～2012 年战略性新兴产业环境技术效率均值的空间相关程度，以判断我国区域是否存在全局空间自相关性。我国战略性新兴产业环境技术效率的空间相关性如表 3-10 所示。

表 3-10　我国战略性新兴产业环境技术效率的空间相关性

年份	2003	2004	2005	2006	2007
Moran's I	−0.0088	0.0378	0.0709	0.1512	0.1452
年份	2008	2009	2010	2011	2012
Moran's I	0.1516	0.1324	0.1275	0.1246	0.1262

从表 3-10 可以看出，除了 2003 年我国战略性新兴产业环境技术效率表现出负相关性外，其余年份的战略性新兴产业环境技术效率都表现出空间正相关性。2003 年我国战略性新兴产业刚刚起步，各省市都在摸索阶段，竞争和资源的抢夺占主导地位，导致我国战略性新兴产业环境技术效率表现出高低集聚特征。随后各省市注重战略性新兴产业的发展和产业空间联动，使得我国战略性新兴产业环境技术效率表现出空间正相关性，即具有较高环境技术效率的省市倾向于集聚在一起，具有较低环境技术效率的省市倾向于集聚在一起。到 2006 年时我国战略性新兴产业进入稳步发展阶段，其环境技术效率的空间相关性也相对比较稳定。可借助这种正空间相关性，增强高环境技术效率省市对低环境技术效率省市的辐射作用，实现我国战略性新兴产业的整体发展。

由于 Moran's I 统计量表示的是 Wy 对 y 进行线性回归时的系数，在 Moran 散点图中也可以显示全局空间自相关性，Moran 散点图共分为四个象限，分别对应四种不同的局部空间联系。战略性新兴产业环境技术效率均值的 Moran's I 指数和 Moran 散点图如图 3-4 所示。从中可知，我国战略性新兴产业环境技术效率的空间相关性为 0.1216，区域间的战略性新兴产业环境技术效率相互影响；Moran 散点图中穿过第一、三象限的直线的斜率也表示中国战略性新兴产业环境技术效率全局空间自相关的数值，通过观察中国各省市位于哪个象限可以判断该省市与邻近地区的空间联系。

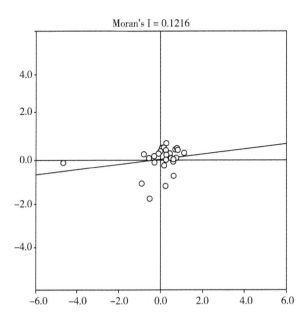

图3-4 我国战略性新兴产业环境技术效率的 Moran's I 指数

Moran 散点图表达的是单个地区与毗邻地区间的关系，但是不能表示局部空间自相关的显著性。将空间联系指标（LISA）中局部 Moran's I 指数的显著性与 Moran 散点图相联系，得到所谓的 LISA 聚集地图。该图同时还表明了各地区在 Moran 散点图中所处的象限以及 LISA 指标的显著性。

战略性新兴产业虽然表现出一定的全局自相关性，但是局部性自相关在大多数地区仍然不显著。因此，全局自相关还是归因于部分地区的局部自相关，而且局部自相关主要表现在高效率与高效率地区相互聚集在我国东部。

既然我国战略性新兴产业环境技术效率的空间效应存在，因此采用空间计量模型进行战略性新兴产业环境技术效率收敛性估计的必要性就较大。空间计量经济学主要研究空间自相关性和空间差异性两种空间效应，这两种效应分别对应着空间计量中的两种基本模型——空间自回归模型和空间误差模型。空间自回归模型（SAR）的形式为：$Y = \rho WY + X'\beta + \varepsilon$，空间误差模型（SEM）的形式为：$Y = X'\beta + u$，$u = \theta Wu + \varepsilon$，即 $Y = X'\beta + (I - W)^{-1}\varepsilon$。其中，$Y$ 是被解释变量，X 表示解释变量向量空间（包括常数项），β 代表向量估计的系数。ρ、θ 分别是空间自回归系数和空间误差自相关系数，主要用于衡量观察值之间的空间相互作用程度。W 表示空间权重矩阵，I 表示单位时间矩阵，ε 是服从正态分布的误差项向量。

鉴于空间协方差的存在性，采用 OLS 估计以上模型得到的参数系数估计值和方差会有偏差或者无效。而且由于滞后项 WY 常常与残差项相关，采用 OLS 得到的估计系数值是非一致的。因此，使用极大似然法（ML）估计分析空间计量模型。至于在不同的模型设定中合适模型的选择的差异性，可在模型残差的 Moran's I 统计量的计算基础上，根据 Anselin 提出的空间误差和空间回归的拉格朗日统计量（LM）检验，并根据模型的拟合优度，来判断哪一种模型设定更加符合空间的相关性。

得出如下对回归模型（3.10）进行残差的结果，如表3-11所示。

表3-11 残差的空间相关性检验结果

检验方法	样本值	检验值	临界值	概率
LMerr	210	0.576	17.611	0.448
LMsar	210	118.368	6.635	0.000

从检验结果可知，回归残差存在着空间相关性，而且空间误差的检验值 LMerr 小于空间自回归滞后检验值 LMsar，且在统计意义上，空间自回归滞后项更显著。那么，选择空间自相关模型对中国战略性新兴产业环境技术效率的收敛性进行估计。采用的空间计量模型形式为：

$$\gamma_{it} = \rho W\gamma_{it} + \alpha + \beta \ln TE_{i0} + \varepsilon_{it} \qquad (3.12)$$

估计结果如表3-12所示：

表 3-12　中国战略性新兴产业环境技术效率的空间收敛性

模型	模型 1 无固定效应	模型 2 固定效应	模型 3 时间固定效应	模型 4 时空固定效应
$\ln TE_{i0}$	-0.129 * (-1.623)	-0.16 *** (-6.13)	-0.14 *** (-3.51)	-0.17 *** (-6.07)
ρ	0.013 ** (2.09)	0.010 * (1.69)	0.012 ** (2.1)	0.009 ** (1.88)
R-squared	0.311	0.428	0.384	0.295
likelihood	256.324	258.689	249.749	251.983

注：＊、＊＊、＊＊＊分别表示在 10%、5%、1% 水平下估计系数显著。表格括号内的数值为各解释变量的 z 统计值。

基于上述四种模型，空间自相关滞后项都在 10% 的显著性水平上显著，说明中国 30 个省市战略性新兴产业环境技术效率存在显著的空间相关性，环境技术效率的影响因素会在区域间进行传导，这个传递过程的作用机制是特定的传导机制。同时，我国战略性新兴产业环境技术效率确实存在绝对 β 收敛，且空间相关性的存在使得这种收敛现象更为明显。本书认为这主要是由逐渐繁荣的区际间贸易和投资引起的。在我国存在大量的产品模仿现象，技术落后的中西部地区能够随意地从技术先进的东部沿海地区购买产品，就可以学习东部地区的先进技术。如此，技术知识就实现了从先进地区向落后地区流动的过程。此外，技术发达的东部地区企业在投资建厂时也越来越向中西部地区方向考虑，进一步促进了先进技术知识的扩散。

4 战略性新兴产业环境技术效率 影响因素分析

第3章对战略性新兴产业环境技术效率进行了测算，并分析了环境技术效率的变动状况和收敛性。为了明晰环境技术效率的各个影响因素对环境技术效率的作用程度，本章将结合战略性新兴产业的特征明确战略性新兴产业环境技术效率的宏观、中观、微观影响因素，并采用 Tobit 面板模型对环境技术效率影响因素进行实证分析，分析各影响因素对环境技术效率的影响程度。

4.1 战略性新兴产业环境技术效率的影响因素

环境技术效率受到微观、中观、宏观影响因素的影响。结合战略性新兴产业的特点，战略性新兴产业环境技术效率的微观影响因素主要有创新战略、高素质人才、科研经费以及技术进步；中观影响因素主要包括市场环境、金融支持以及产业结构；宏观影响因素主要有政府扶持、对外开放程度以及环境约束。

（1）创新战略。创新战略是指以产品的创新以及产品生命周期的缩短为导向的一种竞争战略，包括产品创新、生产技术创新、组织与管理研究和研究开发创新。战略性新兴产业具有技术前沿性的特点，产品的创新需要创新战略的指导。创新战略对企业产品以及管理的创新具有指导作用，因此，创新战略能够影响战略性新兴产业环境技术效率，选取拥有专利发明数表示战略性新兴产业创新战略。

（2）高素质人才。战略性新兴产业具有技术前沿性等特点，技术的创新、吸收和改造需要高技术人才的参与。我国战略性新兴产业的发展没有现成的范例可以参考，生产、运作和管理都处于摸索发展的阶段，因此需要高素质人才参与管理。战略性新兴产业环境技术效率的提升与改善依靠高素质的人才提供技术、智力、运营以及管理等各方面的支持。高素质人才是影响战略性新兴产业环境技术效率的因素之一，只有聚集国内外高素质人才，才有可能实现高新技术的引进、消化和吸收，才有可能创新管理方法。高素质人才指标选用劳动力素质即科技活动中科学家和工程师所占从业人员总数的比例表示。

（3）科研经费。战略性新兴产业属于以技术创新为发展动力的知识技术密集型产业。科研经费的投入在很大程度上决定着技术创新成果的产出，进一步影响着战略性新兴产业环境技术效率。科研经费的投入力度对企业引进高技术人才、购买最新设备，提高技术创新能力有显著影响，关系着企业是否有更多的资金投入到技术的研发、引进和改造中去。科研经费是基础科学研究和重大科研课题研究的主要资金来源，也是新技术的发明转化到企业产品中的物质保障。现阶段，商业环境随着科技的不断发展而时刻变化，技术变化不断提高产品更新换代的速度，促使战略性新兴产业不断面临新的挑战，科研经费的投入力度将直接影响企业的生产力和技术创新能力，进而影响战略性新兴产业的环境技术效率。科研经费指标选用体现战略性新兴产业技术高投入性的 R&D 经费内部支出表示。

（4）技术进步。技术进步从两方面影响战略性新兴产业环境技术效率：一方面，原材料投入不变的条件下，因为技术进步，采用新工艺、高新技术设备，或提高管理水平，产出会额外增加，而原材料投入不变，污染排放变化不大，从而相对产出而言，污染排放减少；另一方面，环境治理技术的引进和研发导致在环境治理投入不变的前提下，污染排放绝对减少。战略性新兴产业等高技术产业的信息流动所具有很强的溢出效应，这种溢出效应在本质上是有关知识、技术、信息、人才等要素的溢出，促使新兴产业内部以及产业之间形成很大的收益，企业自主研发以及技术引进能够有效促进技术进步，技术进步有益于形成技术溢出效应，从而促进环境技术效率的提升。

（5）市场环境。市场环境包括市场需求和市场竞争，市场需求具有自主性，企业需要增加自主创新能力，去迎合消费者对于产品的需求，市场需求对产品和技术提出了明确的要求，促使企业不断从其他企业、高校、科研机构等学习新的知识和技术以适应市场需求，所以市场需求将促使企业提高创新能力。市场竞争促使企业不断更新技术和产品，不断掌握关键核心技术及相关知识产权，增强自主创新能力，提高企业的竞争优势，所以市场环境通过影响企业的自主创新能力进而影响环境技术效率。

（6）金融支持。战略性新兴产业因为其在产业生命周期各个阶段所具有的特征不同，在融资过程中有资金需求量大、融资风险高等特点。政府针对战略性新兴产业的特点制定的融资策略能够为产业融资提供支持，金融中介提供的贷款和金融市场提供的募股筹资等服务都是技术创新所需资金的重要来源，可以满足技术创新对资金的需求，解决战略性新兴产业融资风险高等问题，对于战略性新兴产业的自主创新能力以及产业结构优化具有较大影响。另外，金融支持的程度直接影响科技成果的推广普及速度，影响科技成果在国际间的传播速度。综上，金融支持能影响企业技术创新，从而影响战略性新兴产业环境技术效率。

（7）产业结构。产业结构在经济系统中并非是孤立的，产业结构受资源结构、分配结构和需求结构的制约。因此，产业结构是指与外界环境相互作用的产业之间的结构关系。产业结构受到资金、技术、劳动力等资源量及其分配结果的影响。如果产业结构是在环境资源的约束下形成并与之协调发展的，那么它对环境的影响可能比较小，反之就会对环境产生冲击作用。知识创新、技术创新和技术进步是经济增长的主要推动力量，也是促进产业结构升级的动力。① 战略性新兴产业具有技术前沿性以及导向性等特点，能够促进产业结构升级。相反，产业结构优化使高污染产业比重下降或污染相对较少的产业比重提高，导致产出增长的同时污染排放减少。产业结构能对资源的分配和利用产生影响，推进产业技术进步和创新，进而影响环境技术效率。

（8）政府扶持。政府对战略性新兴产业提供扶持一般有直接支持和间接支持两种：直接支持是指政府向战略性新兴产业直接投资，或者提供财政补贴；间接支持是指政府的担保、税收支持，或者对那些参加战略性新兴产业项目投资的金融机构进行资助，通过这些方式来促进战略性新兴产业发展。政府对战略性新兴产业的科技投入、财政支持和其他扶持性资金，直接关系到企业

---

① 朱远峰．产业结构对环境约束下技术效率的影响研究［D］．浙江大学硕士学位论文，2007.

的自主创新水平，对战略性新兴产业环境技术效率产生影响。从实践中看，政府对战略性新兴产业的积极参与和扶持将极大推动战略性新兴产业的形成和发展，政府的资助将有效保证高科技企业的成功建立并发展壮大。

（9）对外开放程度。对外开放程度从两方面影响战略性新兴产业环境技术效率。一方面，传统观点认为加大对外开放程度有利于吸收国外先进管理水平，有利于形成技术溢出效应，可以提高工业企业的环境技术效率以及产出水平，但相对于发展中国家宽松的环境政策，西方发达国家的环境规制政策一向比较严厉，导致大部分高污染、高耗能的工业企业向发展中国家转移。因此，在考虑环境污染的情况下，对外开放程度的提高并不一定导致环境技术效率的提升。另一方面，伴随着经济全球化，中国加紧了与外部世界的联系，国外的技术逐渐渗透到中国，对中国技术产生了很大冲击，同时，外商直接投资的增加使国内企业接触到国外的先进技术，减少了引进技术的时间并且降低成本。可以看出对外开放程度是环境技术效率不可或缺的影响因素之一，但是影响方向并不确定。

（10）环境约束。环境约束可以从三个方面影响环境技术效率：首先，企业因为环境管制的约束以及节能减排政策的引导，会采用最先进的设备和手段提高生产中资源的利用率，减少"工业三废"的排放；其次，企业会提高污染治理能力，采用先进技术对"工业三废"进行处理，使其达到排放要求；最后，环境约束会淘汰高耗能、高污染的落后产能，关停并转移污染严重的企业，发展低投入、高产出、低污染的产业，促进产业结构优化。以上三方面都能影响环境技术效率。战略性新兴产业在发展初期存在技术发展不平衡，资源利用率不高等特点，生产过程中会对环境产生不同程度的损害，因此环境约束会影响战略性新兴产业环境技术效率。采用空气中 CO_2 的排放量衡量环境约束。

4.2　面板 Tobit 模型

Tobit 模型是一种截取或断尾回归模型，该模型的因变量受到取值范围的某种限制。其中，断尾模型指的是特定取值范围外全部样本数据丢失，只能得到特定区间内的因变量和自变量观测值的模型，截取模型是能得到全部自变量和特定取值范围内因变量观测值的模型。最早提出这类模型的是 Tobin，Tobin 在研究家庭耐用品的支出情况时发现耐用品支出也就是因变量要满足非负性的要求，因此，Tobin 特别采用左截取点为 0 的回归模型，并将此模型定义为受限因变量模型。考虑到 Probit 模型与此模型的相似性，Tobin 将此模型及其各种形式扩展的模型统称为 Tobit 模型。

标准 Tobit 模型定义如式（4.1）和式（4.2）所示。

$$y_i^* = X'_i\beta + u_i \quad i = 1, 2, \cdots, n \tag{4.1}$$

$$\begin{cases} y_i = y_i^*, & \text{若 } y_i^* > 0 \\ y_i = 0, & \text{若 } y_i^* \leqslant 0 \end{cases} \tag{4.2}$$

式（4.1）中的 $\{u_i\}$ 独立同分布且服从正态分布 $N(0, \sigma^2)$。对于 $i = 1$，$2, \cdots, n$，总可以观测到 $\{y_i\}$ 和 $\{X_i\}$，而只有在 $y_i^* > 0$ 时才可以观测到 y_i^*。X 定义为 $n \times k$ 的矩阵，其第 i 行为 X'_i。假定 $\{X_i\}$ 是一致有界的，且 $\lim\limits_{n \to \infty} n^{-1} X'X$ 是正定阵。假定 β 和 δ^2 的参数空间为紧集。在 Tobit 模型中，必须从全部观察值中区分观察值为正的观察值构成的向量和矩阵及所有观察值构成的向量和矩阵。不管 y_0 是否已知，将式（4.2）的 $y_i^* > 0$ 和 $y_i^* \leqslant 0$ 改成 $y_i^* > y_0$ 和 $y_i^* \leqslant y_0$，都不会对模型产生本质的影响，因为在估计中常数项是可以吸收 y_0 的。但是，若已知的 y_{0i} 是随着 i 而变化，则这个模型与式（4.1）和式（4.2）定义的模型会稍微有些不同，除了常数项以外的 β 的元素中，必须先固定其中一个的值才能进行估计。若未知的 y_{0i} 是随着 i 而不同，一般不能识别这样的模型。

对应于标准 Tobit 模型，应用到面板数据的面板 Tobit 模型定义如下：

$$y_{it} = \max(0, x_{it}\beta + u_{it}), \quad t = 1, 2, \cdots, T \tag{4.3}$$

$$u_{it} | x_{it} \sim N(0, \delta^2) \tag{4.4}$$

上述面板 Tobit 模型具有以下两个显著的特征。第一，它并没有保持 x_{it} 的严格外生性：u_{it} 与 x_{it} 是不相关的，但是对 u_{it} 与 x_{is} 之间的关系没有设定，$t \neq s$。因此，x_{it} 可以包含 $y_{i, t-1}$ 或者受反馈影响的变量。第二，它的重要特点是，允许 $\{u_{it}: t = 1, \cdots, T\}$ 是序列相关的，这意味着 y_{it} 在一旦控制解释变量之后可以是相关的。总之，式（4.3）和式（4.4）是设定关于 $D(y_{it} | x_{it})$ 的模型，

并且 x_{it} 可以包括任何条件变量（时间虚拟变量、时间虚拟变量与时常值变量或者时变量的交互作用项、滞后因变量等）。

4.3 指标选择与数据处理

基于数据的可获得性，在上文介绍的环境技术效率因素中，选择七个因素作为环境技术效率的影响因素，分别为创新战略、科研经费、高素质人才、技术进步、市场环境、政府扶持以及环境约束，对应于这些影响因素指标，所选用的对应变量分别为拥有专利发明数、R&D 经费内部支出、劳动力素质、技术变更额、市场集中度、所有制结构以及 CO_2 排放量。并利用 Tobit 模型进行实证分析，度量各影响因素对环境技术效率的影响程度。

创新战略指标选用拥有专利发明数表示，该变量能从客观体现创新，且数据易于获取；科研经费指标选用体现战略性新兴产业技术高投入性的R&D 经费内部支出表示；高素质人才指标选用劳动力素质即科技活动中科学家和工程师所占从业人员总数的比例表示；技术进步指标选用技术变更额即技术引进费用、技术消化费用和技术改进费用之和表示；市场环境指标选用市场集中度即大中型企业的总产值占行业总产值的比例表示；政府扶持指标选用所有制结构即国有以及国有控股企业总产值占行业总产值的比例表示；环境约束指标选用环境中具有代表性的 CO_2 排放量表示。指标选取的具体情况见表 4-1。

表 4-1　环境技术效率影响因素指标列表

指标	变量	变量说明
创新战略	拥有专利发明数	考虑到战略性新兴产业的高技术创新性，采用拥有发明专利数表示创新战略，并取对数
科研经费	R&D 经费内部支出	考虑到战略性新兴产业的高技术性，采用 R&D 经费内部支出表示科研经费，以 GDP 折算指数折算成以 2003 年为基期的 R&D 经费，并取对数

指标	变量	变量说明
高素质人才	劳动力素质	使用科技活动中工程师和科学家所占从业人员总数的比例来表示劳动力素质
技术进步	技术变更额	应用技术引进、技术消化和技术改进费用之和来表示技术变更额，以 GDP 折算指数折算成以 2003 年为基期的技术变更额，并取对数
市场环境	市场集中度	选取大中型企业的总产值占行业总产值的比例来表示市场集中度
政府扶持	所有制结构	使用国有及国有控股企业总产值占行业总产值的比例来表示所有制结构
环境约束	CO_2 排放量	由于研究对象为环境技术效率，为能体现环境方面的因素对环境技术效率的影响，故选择环境中具有代表性的 CO_2 排放量，同表3-1，并取对数

考虑到统计口径的一致性和数据的可得性，以上变量选用 2003~2012 年中国内地的 30 个省市（西藏因数据不全不在考察范围内）为例进行分析。所用数据根据 2004~2013 年的《中国高技术产业统计年鉴》、《中国统计年鉴》、《中国能源统计年鉴》以及 30 个省市统计年鉴综合整理而得到。对于某些变量部分省份个别年份缺失数据采用了简单线性插值方式处理。

4.4　环境技术效率影响因素的回归分析

上文已计算出我国 30 个省市战略性新兴产业在 2003~2012 年的环境技术效率值，鉴于环境技术效率值为 0~1，因此选择的被解释变量界定为受限变量，于是采用最小二乘法估计得出的结果就会是有偏差的。鉴于此，依据上文所述的环境技术效率影响因素以及相对应指标变量的选取，在对相关数据进行平稳性检验的基础上，通过建立回归模型，采用面板 Tobit 模型，对战略性新兴产业环境技术效率及其影响因素进行实证研究，探究战略性新兴产业环境技术效率的各影响因素对环境技术效率的影响程度。

4.4.1 数据平稳性检验

根据上文测算的我国战略性新兴产业环境技术效率值和选取的环境技术效率影响因素，采用 EViews6.0 软件建立对应的面板数据，对战略性新兴产业的环境技术效率值及其影响因素进行数据平稳性检验，得到的数据平稳性检验结果如表4-2所示。

表 4-2　数据平稳性检验结果

变量	战略性新兴产业		变量	战略性新兴产业	
	同根情形	异根情形		同根情形	异根情形
ETE	−7.5493 (0.0000)	91.9663 (0.0050)	TC	9.6379 (1.0000)	49.5963 (0.7760)
PI	7.4046 (1.0000)	28.5935 (0.9998)	$LN(TC)$	−14.4546 (0.0000)	108.1800 (0.0001)
$LN(PI)$	−14.6888 (0.0000)	122.2050 (0.0000)	MC	−6.0897 (0.0000)	93.1559 (0.0039)
IE	5.5626 (1.0000)	22.9234 (0.8905)	OS	−13.0154 (0.0000)	216.1130 (0.0000)
$LN(IE)$	−14.2793 (0.0000)	124.1680 (0.0000)	ER	11.1218 (1.0000)	9.6006 (1.0000)
LQ	−8.1002 (0.0000)	104.9900 (0.0003)	$LN(ER)$	−7.4308 (0.0000)	79.7971 (0.0447)

注：同根情形选用的统计量为 Levin-Lin-Chu，异根情形选用的统计量为 ADF-Fisher Chi-square；括号内的值为统计量对应的 p 值。

表4-2中，各变量说明如下：ETE 表示环境技术效率值（Environmental Technical Efficiency）；PI 表示拥有专利发明数（Patented Invention）；$LN(PI)$ 表示拥有专利发明数的对数取值；IE 表示 R&D 经费内部支出（Internal Expenditures）；$LN(IE)$ 表示 R&D 经费内部支出的对数取值；LQ 表示劳动力素质

（The Quality of Labor）；TC 表示技术变更额（Technical Change）；$LN(TC)$ 表示技术变更额的对数取值；MC 表示市场集中度（The Concentration of Market）；OS 表示所有制结构（The Structure of Ownership）；ER 表示体现环境约束的 CO_2 排放量（Environmental Restriction）；$LN(ER)$ 表示 CO_2 排放量的对数取值。

从表 4-2 的数据平稳性结果可以看出，战略性新兴产业的 ETE、LQ、MC 以及 OS 变量通过了 ADF 检验，而 PI、IE、TC 以及 ER 变量未通过 ADF 检验，但是对数取值后的 $LN(PI)$、$LN(IE)$、$LN(TC)$ 以及 $LN(ER)$ 均通过了 ADF 检验。这说明，战略性新兴产业的 ETE、LQ、MC、OS、$LN(PI)$、$LN(IE)$、$LN(TC)$ 和 $LN(ER)$ 数据平稳。

4.4.2 回归模型构建

基于上文数据平稳性检验的结果，为了分析环境技术效率与其影响因素之间的关系，选用战略性新兴产业的 ETE、$LN(PI)$、$LN(IE)$、LQ、$LN(TC)$、MC、OS 和 $LN(ER)$ 数据，利用面板数据建立如下回归方程：

$$ETE_{it} = \gamma_0 + \gamma_1 LN(PI_{it}) + \gamma_2 LN(IE_{it}) + \gamma_3 LQ_{it} + \gamma_4 LN(TC_{it}) + \gamma_5 MC_{it} + \gamma_6 OS_{it} + \gamma_7 LN(ER_{it}) + \mu_{it}$$

其中，$i = 1, 2, \cdots, 30$；$t = 1, 2, \cdots, 10$（在这里，2003 年定为第 1 年，2004 年定为第 2 年，以此类推）。该方程中各个变量解释说明如下：

（1）ETE_{it}：表示省市 i 在时间 t 的环境技术效率值（Environmental Technical Efficiency）。

（2）$LN(PI_{it})$：表示省市 i 在时间 t 拥有专利发明数的对数取值（Patented Invention）。

（3）$LN(IE_{it})$：表示省市 i 在时间 t 的 R&D 经费内部支出的对数取值（Internal Expenditures）。

（4）LQ_{it}：表示省市 i 在时间 t 的劳动力素质（The Quality of Labor）。

（5）$LN(TC_{it})$：表示省市 i 在时间 t 的技术变更额的对数取值（Technical Change）。

（6）MC_{it}：表示省市 i 在时间 t 的市场集中度（The Concentration of Market）。

（7）OS_{it}：表示省市 i 在时间 t 的所有制结构（The Structure of Ownership）。

（8）$LN(ER_{it})$：表示省市 i 在时间 t 的 CO_2 排放量（环境约束）的对数取

值（Environmental Restriction）。

(9) μ_{it}：表示方程的随机误差项。

(10) γ_0：表示方程的待定常数项。

4.4.3 实证结果

依据上文所选用的变量和数据平稳性检验结果，运用 Stata 软件对上文构建的回归方程进行面板 Tobit 随机效应模型回归，最终得到战略性新兴产业的回归结果如表4-3所示。

表4-3 环境技术效率影响因素实证的回归结果

变量	估计值	变量	估计值
γ_0	0.5952*** (0.000)	$LN(TC_{it})$	0.0070* (0.059)
$LN(PI_{it})$	0.0056** (0.011)	MC_{it}	−0.0065* (0.082)
$LN(IE_{it})$	0.0025* (0.070)	OS_{it}	−0.0336* (0.089)
LQ_{it}	0.2098** (0.037)	$LN(ER_{it})$	−0.0097** (0.023)
Industry	30	sigma_e	0.0533
Observation	300	Rho	0.5766
sigma_u	0.0622	Log Likelihood	313.3230

注：括号内为对应的 p 值；*、**、***分别表示估计系数在10%、5%、1%水平下显著。

在表4-3中，各个变量的回归结果如下：常数项 γ_0 的估计值为 0.5952，对应的 p 值为 0.000，在1%的显著性水平下是显著的；$LN(PI_{it})$ 的系数估计值为 0.0056，对应的 p 值为 0.011，在5%的显著性水平下是显著的；$LN(IE_{it})$ 的系数估计值为 0.0025，对应的 p 值为 0.070，在10%的显著性水平下是显著的；LQ_{it} 的系数估计值为 0.2098，对应的 p 值为 0.037，在5%的显著性水平下是显著的；$LN(TC_{it})$ 的系数估计值为 0.0070，对应的 p 值为 0.059，在10%的显著性水平下是显著的；MC_{it} 的系数估计值为 -0.0065，对应的 p 值为 0.082，在 10% 的显著性水平下是显著的；OS_{it} 的系数估计值为 -0.0336，对应的 p 值为 0.089，在 10% 的显著性水平下是显著的；$LN(ER_{it})$ 的系数估计值为 -0.0097，对应的 p 值为 0.023，在 5% 的显著性水平下是显著的。

4.5 环境技术效率影响因素回归结果的经济意义解释

依据表 4-3 的回归结果可知，各个影响因素对环境技术效率的影响程度各不相同。拥有专利发明数、R&D 经费内部支出、劳动力素质以及技术变更额的估计系数均为正，说明它们对战略性新兴产业环境技术效率整体上的影响是正向的，表现为对环境技术效率具有促进作用；市场集中度、所有制结构以及 CO_2 排放量（环境约束）的估计系数在战略性新兴产业中均为负，说明它们对战略性新兴产业环境技术效率整体上的影响是负向的，表现为对环境技术效率具有抑制作用。

拥有专利发明数的估计系数为正，说明拥有专利发明数的增加对我国战略性新兴产业环境技术效率的提高有促进作用。专利发明取对数后的估计值为 0.0056，说明专利发明数取对数后上升一个单位能够使环境技术效率值上升 0.0056 个单位。专利数是创新战略的体现，拥有专利发明数越多表明企业越重视创新，其突破性技术创新得到扩展的机会越大。创新战略增强了技术创新能力，加强了技术创新对环境技术效率的内在推动，进一步提高我国战略性新兴产业环境技术效率。

R&D 经费内部支出的估计系数为正，说明我国战略性新兴产业环境技术效率随着 R&D 经费内部支出的增加而增大。R&D 经费内部支出对数后的估计值为 0.0025，说明 R&D 经费内部支出取对数后上升一个单位能够使环境技术效率值上升 0.0056 个单位。科研经费的投入使企业有更多的资金进行自主创新或者吸收、引进创新成果，提高企业的创新能力，使企业的技术水平处于最前沿，进而增加资源的利用率，减少污染物的排放。所以，加大科研经费的投入力度会提高我国战略性新兴产业技术创新能力，进而促进我国战略性新兴产业环境技术效率的提高。

劳动力素质的估计系数为正，说明随着科技活动中高素质、高技术人才所占比例越高，战略性新兴产业的环境技术效率也越高。劳动力素质的估计值为0.2098，说明科技活动中工程师和科学家所占从业人员总数上升一个单位能够使环境技术效率值上升0.2098个单位。高素质人才能够为企业提供技术、运营和管理方面的指导，促进企业的技术创新和管理创新，增加企业的自主创新能力，引进先进的管理理念，提高企业的资源利用率和生产效率，进而提高环境技术效率。近几年来，我国战略性新兴产业通过引进和培养大量高素质的技术人才，为吸引高技术人才而制定了一系列的优惠政策，其作用是显著的。因此，劳动力素质的提高，有助于提高战略性新兴产业的环境技术效率。

技术变更额的估计系数为正，说明技术变更额对战略性新兴产业环境技术效率的影响是正向的。技术变更额取对数后的估计值为0.0070，说明技术变更额取对数后上升一个单位能够使环境技术效率值上升0.0070个单位。这表明在技术引进、改造和消化方面的经费支出越多，新产品、新技术的出现机会也逐渐增加，环境技术效率就自然而然地得到相应的提高。因此，企业在发展中不能过分依赖国外的技术，应该将更多的资金投入到自主研发活动中去，增强自主创新能力，

市场集中度的估计系数是负数，表明在一个行业中，行业的环境技术效率会随着中型企业所占市场份额的增大而降低。市场集中度的估计值为-0.0065，说明大中型企业的总产值占行业总产值的比例上升一个单位能够使环境技术效率值下降0.0065个单位。战略性新兴产业的市场集中度反映出大中型企业的支配势力，集中度越高，支配势力越强，所以对环境技术效率的影响是负向的。市场集中度越大，表明一个产业中大中型企业产值占整个行业产值的比例越大，整个产业的市场竞争程度越低，以致该产业的环境技术效率越低。因此，我国在发展战略性新兴产业的过程中应通过对战略性新兴产业市场的竞争形式进行变更，以便加大市场竞争程度，在完善战略性新兴产业市场竞争机制的同时，形成注重社会效益和经济效益并存的竞争模式，以增强战略性新兴产业市场竞争的效率。

所有制结构的估计系数为负，说明在战略性新兴产业中，国有控股程度的提高会对环境技术效率的提高有抑制作用。所有制结构的估计值为-0.0097，

说明国有控股企业总产值占行业总产值的比例上升一个单位能够使环境技术效率值下降 0.0097 个单位。国有控股企业依靠政府制定的相关方针政策以及自身条件形成垄断，使其自身不能充分发挥效率优势，从而导致其环境技术效率的降低。

在上述战略性新兴产业中，CO_2 排放量（环境约束）的估计系数是负数，说明战略性新兴产业环境技术效率受环境约束的影响是负向的。CO_2 排放量越大，环境质量越恶劣，对环境技术效率的负向影响也就越大。因此，我国在发展战略性新兴产业过程中应充分考虑环境的承载能力，注重"经济增长与环境保护二者并重"的思想，从可持续发展理念出发，处理好资源节约、环境保护以及经济增长三者之间的协调关系。

5 战略性新兴产业环境技术效率的驱动力机制分析

在第4章中，通过实证分析了环境技术效率与其影响因素之间的关系，分析了各影响因素对环境技术效率的影响程度。本章将环境技术效率的影响因素分为环境技术效率的内部驱动力机制与外部驱动力机制，从内部与外部机制的视角分析各驱动力因素如何促进环境技术效率提升。

我国战略性新兴产业环境技术效率的驱动力研究在于研究第四章中的各影响因素对战略性新兴产业创新能力的影响以及产业技术创新如何促进环境技术效率。战略性新兴产业环境技术效率的微观影响因素（创新战略、高素质人才、科研经费、技术进步）作用于企业层面，以企业技术创新为基础，经过技术的开发、生产、商业化到产业化的过程，使技术创新在企业与企业之间进行扩散，实现产业技术创新，进而提高环境技术效率。由于产业技术是企业技术的有机统一，因此，产业技术创新需要以创新企业为核心，联合产业内外相关企业和机构共同参与，进行协同创新。影响环境技术效率的宏观和中观因素通过作用于企业创新系统，为企业技术创新提供和谐友好的创新环境，协同企业自身的技术创新，共同推动产业技术创新能力的提高，进而推动战略性新兴产业的环境技术效率的提升。本章通过构建我国战略性新兴产业的创新系统，分析微观、中观、宏观因素对战略性新兴产业创新能力的影响。利用生态学方法，构造战略性新兴产业的多创新极共生创新系统，探究战略性新兴产业创新能力受创新系统的推动作用，进而研究内、外部驱动力如何促进我国战略性新兴产业环境技术效率的提升。

5.1 战略性新兴产业创新系统的构建

战略性新兴产业创新系统是一个复杂的大系统，具有系统的有序性、结构性、整体性、组织性、动态性以及过程性等特点。在参考了大量文献（蒋兴华等，2008；石明虹，2013；胡浩、李子彪，2011）的基础上，构建了战略性新兴产业创新系统。考虑了创新高校、企业、中介机构以及科研机构的各自作用和相互作用，以及资源环境、政府政策、金融支持和市场环境等众多要素，通过战略性新兴产业创新系统将各要素与产业技术创新结合起来。战略性新兴产业创新系统进行技术创新活动，并将技术创新用于生产实践中，从而提高资源的利用率，提高环境技术效率。

5.1.1 创新系统的生态学分析

创新系统是一个由环境、人、经济和科技组成的复杂系统，它与环境相互制约、相互影响，创新系统的创新活动与资源环境的约束息息相关，而创新活动又会影响科技、经济和生态环境。这里将胡浩和李子彪（2011）构建的区域创新系统延伸到构建我国战略性新兴产业创新系统。生态系统与战略性新兴产业创新系统具有相似的特性，如表5-1所示。

表5-1　战略性新兴产业创新系统与生态系统的对比

生态学	定义	创新系统	定义
物种	有机物	创新组织	创新主体与创新要素
种群	同种有机体的集合	创新极	产业创新子系统
群落	不同生物种群的集合	多创新极共生体	有联系的多创新极耦合共生
适应	随自然环境变化而变化	应变	对创新环境的变化做出响应
互利共生	物种间的利益交流机制	互利共生	创新极互动共生，共同受益
景观	物种所在的环境	创新环境	创新极的环境、资源
共生成长	物种共生关系的形成	共生成长	创新极间共生关系形成过程

5.1.2 战略性新兴产业的创新系统

由生态学的理论与方法可知，战略性新兴产业创新系统可以被划分为创新主体、创新极、多创新极共生体以及创新系统四个层次。

（1）创新主体。创新主体包括创新企业、科研机构、高校和各类中介组织等。战略性新兴产业具有知识密集和技术前沿性等特点，因此战略性新兴产业中的企业属于最活跃的创新主体，它是环境技术效率与技术创新的契合点。企业可以实现知识和高新技术的应用以及产品的开发，将技术和知识转化成生产力，获取回报的方式就变成通过产品和服务的提供，从而提高资源利用率，提高环境技术效率。

创新系统中的企业包含的范围很广泛，主要有分布在各个创新极中的相关业务合作企业、若干配套外包小企业和竞争企业等，这些企业提供的相关服务都是以战略性新兴产业企业为中心，并通过相应的交流合作实现发展战略性新兴产业的企业的技术创新。那么，创新网络系统的核心要素，技术创新和创新投入、产出以及收益的主体就变成了创新企业。科研机构以及高校为创新主体提供智力支持、培养高层次创新人才，成为知识创新、从事科学研究、知识传播以及技术开发的主体，在知识经济时代，科研机构以及高校日益成为企业创新活动的后备力量，它们在创新网络系统中的作用日益凸显。中介机构主要包括各种高新技术创业服务中心、人才市场、各类咨询公司、金融机构等，是信息、资金、知识、科技成果等资源的传播者，是连接企业、高等院校、科研机构的桥梁，能够迅速扩散知识和技术，提升科学成果向生产力的转化速度。技术创新是一个涉及经济、科技、资源环境的复杂过程，在技术创新的过程中，企业有时会遇到短期内自身难以解决的问题，那么就需要有社会化的经济服务与科技体系为其提供支持，这就涉及中介机构的参与。

上述的主体都是创新网络系统中存在的微观主体，它们作为独立的个体积极参与创新活动，因此成为创新系统中创新极的组成部分，这与生态学中的生物物种类似。创新主体之间可以进行有序的活动，以促进企业的创新为最终目标。

（2）创新极。创新主体之间进行合作、交流等相互作用，达到共同提高创新能力的目的，创新极是在创新活动达到一定的规模后形成的，在创新系统的发展过程中，创新主体对其有相应的支持和导向作用，进而成为了创新系统的增长点和主要创新点。创新极形成初期，内部创新要素和主体的作用重大，进而表现为产业内社会分工结构的形成，随着各创新企业数量的持续扩大，产品的供、产、销及专业服务体系不断完善和发展。随着产业中专业分工的不断深入以及细化等，使得产业中从事同一分工的行动者持续增多，它们之间的关系也在不断演变，不仅表现为相互之间的合作互补，还表现为相互之间的竞争制约，于是产业中的横向关系逐步延伸和扩大，由不同创新主体形成的产业网络就跃然出现①。创新极的网络结构如图 5-1 所示。

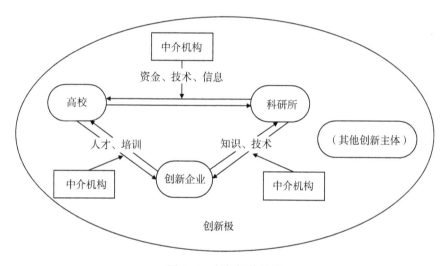

图 5-1 创新极的结构

（3）多创新极共生体。与生态群落类似，创新系统中也存在群落，自然而然是由多个创新极构成。创新极与创新极之间通过网络联系不停地流动，使创新极各个主体之间存在着协同作用和资源共享，这样就会使得技术创新活动持续产生，最终实现创新成果的流动。创新系统中的创新群落由多个创新极耦合形成，它们所具有相同的特征，并且创新极之间技术关联性大、产品和创新成果能够流动，能够共同合作产生双赢。这些创新极处于价值链的相邻或相近

---

① 黄守坤，李文彬. 产业网络及其演变模式分析［J］. 中国工业经济，2005（4）：53-60.

环节，容易形成相互合作的共生体。相互作用的创新极构成的稳定而复杂的创新系统即为多创新极共生体，共生体具有共同发展进步的特点，其演化也遵循特定的规律。

我们将生物医药产业、新一代信息技术产业、高端装备制造业等七大战略性新兴产业各自视为一个多创新极共生体。以生物医药产业为例，生物医药企业与其相关的竞争和合作企业、高校、科研机构以及中介机构等创新主体之间相互作用，共同促进形成稳定的创新极，创新极之间互相耦合和学习，形成知识和技术共享的稳定且复杂的多创新极共生体系统。在复杂的多创新极共生体系统中，各创新主体的学习方式较为灵活，它们互相学习，以实现共同发展。在这个共生体的发展过程中，没有形成共生体所产生的能量要远远低于形成共生体产生的能量。多创新极共生体结构如图5-2所示。

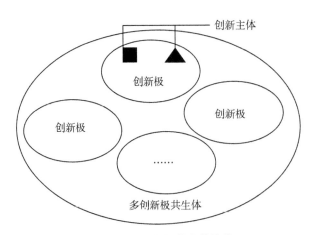

图5-2　多创新极共生体结构

（4）战略性新兴产业创新系统。七个产业的共生体组成战略性新兴产业创新系统这个更高层次的系统，其涵盖了上述三层网络，在这个系统中，每个层次的主体独立或者相互合作，以完成创新活动，它们的层次之间连结顺畅，由于创新极结构网络中的创新主体具有相同的技术或产品特征，因而它们之间的联系较共生体内创新极之间的联系更紧密，而战略性新兴产业创新系统中共生体之间的联系最为松散。这里构建的七大战略性新产业的创新网络如图5-3所示。

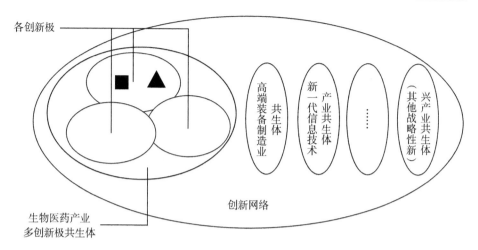

图 5-3 战略性新兴产业的创新系统

从整体上看，各类创新主体围绕着特定的产业创新技术形成不同的创新极。而具有相似技术特征的创新极又相互协同合作，形成更高一级的共生体，创新系统则由各产业形成的多创新极共生体构成。从创新角度讲，因为各战略性新兴产业都具有知识和技术密集、发展潜力大、低耗能高产出等特点，共生体之间由于产业特征的相似性存在一定的联系，最终的战略性新兴产业的创新系统由各共生体加上各种环境因素构成。

5.1.3 创新系统的功能

战略性新兴产业创新系统的主要功能是系统内新知识和新技术的创造、知识和技术在系统内的传播及应用，系统内对外部资源的获取和吸收，最终目的是培育能够支撑战略性新兴产业快速发展的创新平台并促进战略性新兴产业技术创新能力的提高，提升产业的竞争优势。

（1）创新系统有利于互动学习和知识溢出。创新是创新主体进行知识和技术共享等协同作用而产生知识、创造新技术的过程，同时也是知识的创造和吸收过程，所以，技术创新和知识学习是创新的核心条件。创新系统内的不同主体通过系统进行知识的传递，促进创新主体之间知识的共享，缩短创新周期，提高创新效率。创新主体之间正式的或者非正式的互动学习，使系统内产生知识溢出效应，系统内共生体进行有形、无形的交流，以强化系统内各共生体之间的关系，促使系统内创新主体之间的互动更为密切，进而促进系统内部的创新活动。

（2）创新系统有利于降低创新成本，降低创新风险。由于创新所需的知识分布在不同的组织中，创新的跨学科特征明显，任何企业均不可能掌握创新所需的全部知识体系，创新系统就成为创新主体获得资源的重要渠道。系统环境为创新企业提供了信息交流和共享的平台，让知识和技术在系统内更便捷地传播，降低创新主体获取知识的成本。另外，各创新主体拥有的创新资源单一且不同，通过创新系统，各创新主体可以通过互相学习达到创新资源共享，使相关创新活动更顺利地进行，通过资源的共享和互补降低创新主体的创新成本。可见，蕴含着丰富资源的创新系统对创新主体获取各类资源、提升核心能力和加快产品创新等都有着积极作用。在技术更新迅速的今天，进行创新活动有诸多的不确定性，尤其是在技术更新迅速的战略性新兴产业，产品生命周期短，创新主体进行创新活动需要承担很大的风险。但在创新系统中，创新主体之间共同承担创新风险，系统内部创新主体的紧密联系也更容易发现创新中的风险和市场需求，减少创新活动的不确定性，降低了创新活动的风险。

（3）创新系统有利于资源的获取，提高产品和产业的竞争力。单个企业具有单一的获取资源的方式和渠道，因此拥有有限的创新要素获取能力。创新系统内创新主体众多，获取资源的方式和渠道各不相同，通过资源共享和共同创造等方式可以使创新主体获得更丰富的创新资源。系统内的企业、高校、科研机构、中介机构等主体形成相互分工协作的创新源，使技术不仅可以来源于外部环境，还可以来源于系统内的其他主体。分工明确的创新主体使创新要素在系统内高效率组合，使资源能充分利用，不产生闲置资源。系统内部既有合作关系又有竞争关系，形成技术创新的压力和动力，为了在网络合作和竞争关系中获得有利的地位，各企业都力争技术创新能力的提升、力争创新水平的提高，培养自身的核心竞争力。这种合作和竞争模式促使创新主体提高创新能力，减少创新成本，获得更高的产品竞争力和产业竞争力。

本章通过构建战略性新兴产业的创新系统，旨在明确产业内部的结构，分析内部驱动力的作用机理，明晰产业所处的外部环境，分析外部驱动力作用机理。

5.2 战略性新兴产业环境技术效率的
内部驱动力分析

我国战略性新兴产业环境技术效率的提升在于产业技术创新的内在推动。战略性新兴产业环境技术效率的微观影响因素（创新战略、高素质人才、科研经费以及技术进步）通过作用于企业层面，以企业技术创新为基础，经过技术的开发、成果的转化到产业化的过程，使技术创新在企业与企业之间进行扩散，实现整个产业技术创新能力的提升，进而提高环境技术效率。通过构建的战略性新兴产业创新系统，分析环境技术效率内部驱动力因素对战略性新兴产业技术创新的影响，进而分析产业技术创新促进环境技术效率的作用机理。

5.2.1 环境技术效率的内部驱动力因素

战略性新兴产业环境技术效率的各内部驱动力因素（创新战略、高素质人才、科研经费以及技术进步）从内源的不同角度作用于产业技术创新，产业技术创新通过其内在推动促进着环境技术效率的提升。

（1）创新战略。创新战略又被称为"分析性战略"或"结构性战略"，是指企业依据多变的环境，积极主动地在经营工艺、战略、组织、产品、技术等方面不断地进行创新，进而在激烈竞争中保持独特优势的战略[①]。创新战略是一种基于缩短产品生命周期以及产品的创新为导向的竞争战略，采取这种战略的企业不断推出新产品，并往往强调风险承担，而且以缩短产品由设计到投放市场的时间为自身的一个重要目标。一方面，在发展的过程中，企业的发展受以产品创新为导向的竞争战略的指引，为了确保自己在市场竞争中立于不败之地，必须不断地加大创新特别是技术创新的力度，从而在市场竞争中促进企业技术创新的同时，企业也在产品创新过程中获取更大的利益。另一方面，在发展的过程中，企业的发展还受以产品生命周期的缩短为导向的竞争战略的指引，需要加快创新尤其是技术创新的速度，通过寻求更为有效的技术创新方

---

① 李秀丽. 施耐德电气（中国）公司发展战略研究 [D]. 上海交通大学硕士学位论文，2011.

式，使得在创新过程中，通过缩减技术创新的周期，来加快缩短产品创新的周期，从而在市场竞争中促进企业技术创新的同时，企业的产品经营成本也得到很大减少。因此，在创新战略的指引下，企业趋向于通过加快技术创新的速度和加大技术创新的力度，来提高企业的技术创新能力，继而提升自己在市场竞争中的地位。现阶段，我国战略性新兴产业兴起的时间较短，其仍处于产业生命周期的成长期，所以缩短技术创新的周期，改善技术创新效率是关键。通过技术创新的内在推动，进一步促进环境技术效率的提高。

（2）科研经费。战略性新兴产业属于以技术创新为发展动力的知识技术密集型产业，科研经费的投入在很大程度上决定着企业的创新能力和创新成果的转化，进一步影响着战略性新兴产业环境技术效率。企业创新能力是一个企业实现战略竞争力的关键，创新使企业获得新的技术以及差异化的产品，增加企业经济效益，提高资源利用率。而科研经费的投入可以为企业的自主创新提供资金支持，有利于高素质人才的引进，增加企业自主研发能力。科研经费的投入还可以促进企业引进和吸收国内外先进技术，引进国内外先进的生产设备，提高企业的创新能力。科研经费的投入也可以加快创新成果的转化，使创新理念和创新技术转化为符合市场需求的产品，提高企业的创新绩效。因此，科研经费在整个技术创新活动中起到支持作用，是技术创新活动不可或缺的重要因素。科研经费的投入促进企业创新，推动产业技术进步，进而提高环境技术效率。

（3）高素质人才。人才是影响产业发展的核心因素，技术创新的另一个重要因素是高技术人才。智力要素资本已经越来越成为知识经济下企业的关注点，而人才作为企业的核心资源也逐渐受到各方尤其是企业的密切关注。战略性新兴产业作为一个高技术产业，对人才的需求是多种类的，既需要怀有高尖端技能的专家，又需要懂高端技术的管理型人才，这类人才还必须能够果断进行相应的决策，确保企业的计划项目顺利实施。战略性新兴产业的发展需要高素质人才提供技术、运营以及管理等方面的支持，尤其在提高企业技术创新能力方面，高素质人才为技术创新提供知识保障，是技术创新的主要参与者，是企业进行自主创新和技术引进的主要实施者。所以，高素质人才对技术创新具有推动作用，有利于提高环境技术效率。

（4）技术进步。新技术作为技术创新的重要力量和前提，是技术创新的发展特征。科学是第一生产力，是生产方式中最革命与最活跃的因素。科学技术总是在持续被应用于生产的过程中不断发展进步，在宏观因素和内生增长动力的作用机制下，已逐渐发展成为经济基础变革的内生动力。正是由于科技是最活跃和最革命的因素，以及其不可替代的第一生产力的地位，使得技术进步也持续推进企业的技术创新发展进步。这一方面也体现着生产要素、科技以及经济三者之间的相互替代耦联现象。技术进步能够刺激技术创新，技术创新通过生产化、技术化、商业化和工程化，将技术创新逐渐转化为最终的产品和服务，创新成果转化后刺激市场需求，进一步推动技术进步，技术进步与技术创新之间互相促进，推动企业经济效益提升，提高资源利用率。而作为以科技发展为技术基础的战略性新兴产业，其技术知识高度密集的特性使得科技的发展成为制约其快速发展进步的重要环节。因此，技术进步能够推动战略性新兴产业技术创新，从而提高战略性新兴产业环境技术效率。

5.2.2 环境技术效率的内部驱动力机制分析

上述环境技术效率的各内部驱动力因素（创新战略、高素质人才、科研经费以及技术进步）通过作用于企业层面，促进产业技术创新，进而依赖产业技术创新的内在推动作用于环境技术效率。战略性新兴产业环境技术效率内部驱动力机制如图5-4所示。

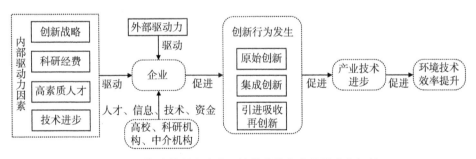

图5-4 战略性新兴产业环境技术效率内部驱动力机制

在图5-4中，创新战略、科研经费、高素质人才以及技术进步作为环境技术效率的内部驱动力因素，并非各自单独作用于产业技术创新，而是各个驱动力因素之间相互起作用。创新战略为战略性新兴产业在创新过程中指明方向和计划，科研经费为战略性新兴产业在创新过程中的技术高投入性提供资金保证，高素质人才为战略性新兴产业在创新过程中的技术创新提供人才支撑，技术进步则体现在整个创新过程中，为技术创新活动提供高新技术和最新的基础设施。内部驱动力因素推动企业重视技术创新，加大科研经费的投入，重视科研人员的培养以及设备的更新，促使企业主动地积累自身的核心技术能力，这都是技术创新的内在力量，表现为根据市场需求选择合理的创新战略，促使技术和高科技人才发挥最大的作用，推动技术进步。内部驱动力因素在促进企业技术创新时需要企业领导的创新意识、员工的创新能力以及企业文化等因素辅助驱动。

内部驱动力因素结合高校、科研机构和中介机构提供的技术、资金、信息和人才的支持，以及外部驱动力提供的创新环境，最终形成技术创新系统，共同促使企业发生创新行为。科研机构以及高校为企业技术创新提供支持，中介机构加速创新成果转化以及创新成果在系统内的流动，从而形成一个相互作用、知识和技术共享的创新平台。这种创新过程不是简单的企业、高校、科研机构以及中介结构的叠加，而是系统地、深入地建立合作关系，基于产业创新系统构建"产—学—研"合作机制，将技术、金融与产业链进行深入融合，贯穿于技术的研发、技术创新、创新成果的转化整个过程。但是高校、科研机构以及中介机构只是起到辅助创新作用，企业技术创新的根本动力是内部驱动力因素。

在内部驱动力的作用下，企业能够进行原始创新、集成创新和引进吸收再创新。原始创新是指企业努力获得更多的科学发现和技术发明，创造出符合需要的新技术和新产品，满足市场需求；集成创新是指将各种相关技术有机融合，形成具有市场竞争力的新技术和新产品；吸收引进再创新是指在引进国外先进技术的基础上，积极促进消化、吸收和再创造。通过原始创新、集成创新以及引进吸收再创新等自主创新方式提高战略性新兴产业的技术创新能力。

通过产业技术创新的内在推动，各内部驱动力因素间接作用于环境技术效率，促进环境技术效率的提升。产业技术进步能够优化资源配置，提高战略性新兴产业对资源的利用率，减少环境污染物的排放；创新环保技术，有利于对排放的污染物进行处理，提高污染物的循环利用率，减轻排放的污染物对环境的污染。因此产业技术创新有利于提高环境技术效率，推动战略性新兴产业发展。

5.3 战略性新兴产业环境技术效率的外部驱动力分析

5.3.1 环境技术效率外部驱动力因素

构建了战略性新兴产业的创新系统之后，对环境技术效率的外部驱动力如何作用于创新系统并且促进战略性新兴产业技术创新，进而促进环境技术效率的提升进行分析。整体来看，环境技术效率的外部驱动力包括中观因素和宏观因素两部分。中观因素包括市场环境、金融支持和产业结构，宏观因素包括政府扶持、对外开放程度和环境约束。

（1）市场环境。市场环境是指企业经营活动所处的环境，市场环境可以分为市场需求和市场竞争两部分。市场需求作用于创新网络，对产业技术创新具有推动作用。随着居民消费水平的提高，人们对产品的需求越来越追求多样化和个性化，满足不了消费者需求的产品会慢慢被社会所淘汰，要想在竞争中长久处于领先地位，企业就需要根据市场的发展动向和需求的变化，不断地对自身的条件进行调整，通过始终追踪最新的生产技术水平和使用最高配置的技术来武装自己的企业。因此，市场需求对产品和技术提出了明确的要求，促使企业不断从其他企业和高校、科研机构等学习新的知识和技术以适应市场需求，激发创新网络内部创新主体之间、创新极之间、创新极共生体之间互相学习，进行知识和技术的共享，推动产业技术创新。对于战略性新兴产业而言，市场对于知识和技术的需求越发强烈，要求企业创新技术，实现低投入高产出、高产出低污染等需求，因此，战略性新兴产业需要不断进行知识的创造、技术的开发和吸收，以适应市场发展的需要。另外，技术创新反过来又会随着新产品投入市场进一步拉动市场需求，新需求进而引发企业新一轮的技术创新追求，市场需求和产业技术创新之间形成一个螺旋上升的良性互动系统。

市场竞争也会促进产业技术创新。在当今复杂的市场中，厂商数量和种类琳琅满目，产业内部的竞争从产品质量、成本控制到售后服务等愈演愈烈，不同产业之间的竞争从金融支持、产业结构到政府扶持力度等甚嚣尘上。战略性新兴产业创新网络不仅面临内部产业之间的竞争，而且也面临外部其他产业的竞争。由于经济全球化进程的加速，现代市场与往昔的传统市场存在本质的区别，当今的竞争主体在竞争形式上，已经由原先的单兵作战向协同作战逐渐发生转变，即竞争主体的超越性使得当今的市场竞争更加国际化、团体化并且规模化。另外，在以往的计划经济的背景下，劳动竞争导致的不切实际的现象时有发生，如今，市场注重社会效益与经济效益并存的竞争机制，即竞争目的的超越性使得当今的市场更加注重竞争的高效率。传统产业的市场竞争只是单一的价格竞争，战略性新兴产业的竞争着重考虑资源的竞争、知识的竞争和技术的竞争，更为注重包含售后服务和科技竞争在内的综合竞争，即竞争客体的特性使得战略性新兴产业的市场竞争更加注重知识和技术的竞争。因此，当代战略性新兴产业的市场竞争涉及多元化的各种竞争。表面上，这种竞争是通过生产向流通领域的扩展，实际上它是生产领域乃至生产之前的决策竞争在流通领域的延伸。面对多样化的市场竞争，战略性新兴产业企业必须不断掌握关键核心技术及相关知识产权，增强自主创新能力，才能在市场有立足之地，所以，良性的市场竞争会促进产业技术创新。

综上，多元化的市场需求和良好的市场竞争环境可以促进创新网络创新，提升产业创新能力。

（2）金融支持。金融支持是指银行、投资公司等金融机构为战略性新兴产业的发展提供资金以及融资政策的支持。首先，金融是现代经济发展的核心，战略性新兴产业想要快速发展，必须加快产业技术创新，吸收新的知识和技术，因此，必须有资金和融资政策的支持。金融市场提供的发行股票、债券等募资服务是产业技术创新所需资金的重要来源，金融市场为新兴的、发展潜力大的产业制定的融资政策使战略性新兴产业能够采用多种融资方式获得资金，用于技术创新活动。其次，金融系统使许多潜在的投资者能够对技术创新的可行性和价值进行分析，使创新主体能够认识到技术创新的方向和收益，从而优化技术创新资源配置。再次，通过引入银行中介、风险投资者等创新主体外部的金融投资者，引入诉权派送、期权激励等激励手段促进企业技术创新激励约束机制的建立，一方面能够最大限度地发挥技术创新的主观能动性，另一方面能够对创新主体进行有效的约束，使技术创新失败的主观因素减少。最后，由于产业技术创新的收益不确定性，创新活动复杂和创新难度大的特征，使得创新活动存在较大的风险，金融市场的发展使投资者能够通过资产组合来分散风险。综上，金融支持对于战略性新兴产业技术创新具有推动作用。

（3）产业结构。产业结构是指各产业的构成及各产业之间的联系和比例关系。战略性新兴产业结构是指网络内部战略性新兴产业与其他产业之间的关联关系，以及各产业的比例关系。战略性新兴产业结构合理化表现为：各产业之间相互协调，有较强的产业结构转换能力和良好的适应性，能适应市场需求的变化，产业之间数量比例协调，资源配置合理。国家层面的产业结构合理化表现为：将社会资源配置到更加有潜力，能够推动其他产业发展，对国家经济有重大贡献的产业，使社会资源在各产业之间得到优化配置，各产业平衡发展；使企业由粗放型的经济增长方式向集约型的生产方式转变，降低能耗物耗，减少环境污染，保护生态环境。现阶段，国家正大力发展战略性新兴产业，转变经济增长方式，推动产业结构升级，使社会资源得到优化配置，这意味着战略性新兴产业的发展对推动产业结构优化和升级具有显著的促进作用。另外，合理的产业结构可以加强战略性新兴产业内各产业间的融合，促进战略性新兴产业与其他产业的融合。合理的产业结构还能充分发挥战略性新兴产业知识和技术密集的特点，将最新的知识和高新技术以及资金支持运用于战略性新兴产业，为产业创新提供良好的环境，使战略性新兴产业运用知识、技术和资金促进产业技术创新，加快战略性新兴产业的发展。

（4）政府扶持。出于宏观调控的目的，政府通常会根据现阶段的社会发展需要和国家的政治走向，综合考虑社会系统中的经济、政治、法律、行为和政策等体系，权衡实施相关政策后的影响，对整个市场乃至整个国家进行必要的市场干预，进而对各方的技术创新能力产生影响。体现在以下三个方面：第一，政府对技术创新型人才的培养；第二，政府对良好创新环境的营造；第三，政府对技术创新资金的支持。技术创新的最终成果是以商品的形式呈现的，那么，在微观方面，作为经济发展的重要推动力，政府的支持行为主要体现在人力、制度因素和资金的投入等。譬如，政府会通过人力和物力的全方位投入建立优良的法律环境，为保护知识产权、建设人力资源和良好的就业营造好的市场支持型政策环境。对于战略性新兴产业，政府一直发挥着积极引导、强有力协调和高效管理的调节功能，通过调整我国的经济结构以及转变经济发展方式，让我国战略性新兴产业的发展风险一直处于可控范围内，这也有助于进一步促进技术创新的发展。

（5）对外开放程度。首先，对外开放可以促进自由贸易，增加国内产品的对外销售，提高国内生产总值。自中国加入世界贸易组织之后，对外开放程度明显加大，我国进出口贸易总额持续上升，中国的产品销往世界各地，其他国家的各类产品也进入我国进行生产和销售。其次，对外开放可以加强信息、知识、技术的交流和共享，有利于企业吸收国内外最新知识、高新技术和先进的管理理念，实现技术和知识的溢出，促进企业的管理和创新能力的提升。我国战略性新兴产业处于发展初期，发展中不可避免会存在技术瓶颈和管理问题，通过对外开放有利于促进国内战略性新兴企业对国外先进成果的吸收，实现国内外资源、技术、信息、劳动的共享，提高产业创新能力。另外，对外开放使产业成果得到流通，促进战略性新兴产业的国际化。所以，增强对外开放程度可以促进战略性新兴产业创新能力的提升。但是在提高对外开放程度的同时也要对开放力度进行控制，防止发达国家将高污染、高投入的劳动密集型产业转入我国进行生产、加工，避免成为发达国家的"垃圾中转站"和"廉价加工厂"。

（6）环境约束。战略性新兴产业从刚刚起步到快速发展，历经了中国经济快速发展的过程，这也昭示了经济飞速发展并取得突破性进展的美好未来。但是，从中国近几年的环境核算报告中可见，我国因环境污染所造成的损失只增不减，这也说明了，虽然战略性新兴产业的发展带动了我国经济的跨越式发展，但是同时付出了牺牲环境的惨痛代价，这是不可取的。因此，在今后经济又快又好的发展中，我们要切实关注环境的因素，不能再以环境的污染带动经济的增长，我们应该时刻关注环境的承载能力，即在环境可承受的范围之内进行相应的高科技活动。在上文中建立的用于测算环境技术效率的 SBM 模型中，环境污染物排放指标作为非期望投入并用于环境技术效率的测算，这说明环境技术效率与环境因素之间息息相关。通过改善环境状况，可以弱化环境技术效率的环境约束，达到切实提高战略性新兴产业环境技术效率，从而进一步实现战略性新兴产业持续并快速的发展。

战略性新兴产业的发展和产业技术创新具有相互影响的内在联系。一方面，在技术创新的基础上，战略性新兴产业才能充分发挥它的经济和社会作用，得到更加快速和健康的发展，这也是其内涵所决定的；另一方面，只有产业发展好了，才能有更好的物质基础、人力条件，从而推进技术的进一步创新，所以相应的产业发展也给技术创新提供了很好的拓展环境。总的来说，在战略性新兴产业和技术创新的关系中，技术创新是动力，产业发展是保证，两者相辅相成，共同促进。因此，环境技术效率的中观、宏观影响因素共同形成外部驱动力作用于战略性新兴产业创新网络，推动产业技术创新能力的提升，进而推动战略性新兴产业环境技术效率的提升。

5.3.2 环境技术效率的外部驱动力机制分析

依据上文所介绍的环境技术效率的各个外部驱动力因素以及各个外部驱动力因素作用于外部驱动力系统的情况，构建了环境技术效率的外部驱动力机制图，如图5-5所示。

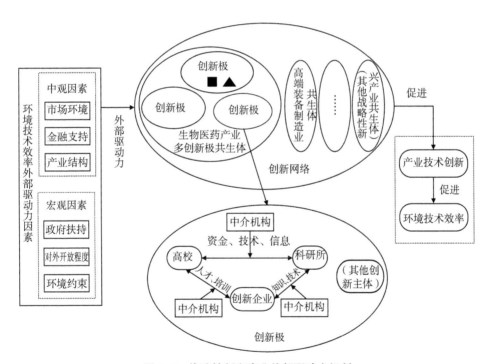

图 5-5 战略性新兴产业外部驱动力机制

在环境技术效率外部影响因素系统中，中观影响因素有：市场环境、金融支持和产业结构。其中，市场环境为战略性新兴产业的技术创新提供良好的市场需求和竞争环境，金融支持为战略性新兴产业的技术创新提供资金支持，合理的产业结构有利于资源的分配和产业的发展。宏观影响因素有：政府扶持、对外开放程度和环境约束。政府扶持提供了良好的宏观环境和支持政策给战略性新兴产业进行技术创新，对外开放有利于吸收国内外先进的技术和管理经验，环境约束则从环境方面指引着战略性新兴产业在发展过程中坚持可持续发展战略并摒弃以牺牲环境为代价发展经济，提高生产和环保技术。环境技术效率的外部影响因素系统从不同的角度作用于战略性新兴产业创新系统，市场环境、金融支持以及产业结构分别起到拉动力、支持力以及推动力的作用，政府扶持、对外开放程度以及环境约束对环境技术效率分别起到支持力、拉动力以及约束力的作用。

环境技术效率的外部驱动力因素作用于战略性新兴产业的创新系统，能够为创新系统提供政策和资金的支持，有利于系统整合更多的社会资本，优化资源配置，提升产业结构，促进产业技术创新；外部驱动力系统有利于促进系统形成创新学习和共享平台，促进产业内部各创新主体进行知识、技术和资源的共享，有利于技术创新活动的产生；外部驱动力系统可以加快创新要素在创新网络内部的流动速度，并有助于战略性新兴产业吸收网络外部的知识和技术，增强产业的跨组织学习能力，增强战略性新兴产业与其他产业之间的互动能力，推动自身创新能力增强并带动其他产业发展，有利于吸收其他组织的先进技术和优秀创新成果，进行引进、吸收再创新，对战略性新兴产业技术创新有促进作用；外部驱动力系统能够促进形成产业集聚，使产业资本要素不断汇集，产生外部经济，形成知识和技术溢出效应，加快技术创新活动的发生。因此，外部驱动力因素能够促进产业技术创新。

战略性新兴产业创新系统在内外部驱动力的共同作用下，促进了创新活动的发生以及创新成果的转化，增强了产业技术创新能力。产业技术创新能力增加有利于形成具有核心竞争力的产业优势，生产适应市场需求的产品，提升产业的竞争优势。产业技术创新能力的增加有利于资源在产业内、与其他产业之间合理配置，优化产业结构，带动其他产业发展；产业技术创新有利于促进创新环保技术的产生，并有效减少排放环境污染物，进而促进环境技术效率的提升。

综上所述，战略性新兴产业的外部驱动力通过作用于战略性新兴产业创新系统，有利于产业技术创新能力的提升，进而提升战略性新兴产业环境技术效率，实现战略性新兴产业的快速发展。

5.4　内外部驱动力对创新系统的运行过程分析

随着社会的进步和经济的发展，企业对技术创新投入的科研经费、高素质人才增多，对自主创新和技术引进更加重视，自身的技术创新能力得到普遍的提高。在创新系统内部，企业、高校、科研机构、中介机构的联系日趋增多，创新系统外部各基础支撑条件、政府政策、金融支持等众多因素日益完善、成熟，随着科技的进步、对外开放程度增大，带动强大的市场竞争和市场需求，从而形成产业技术创新动力驱动力系统，这些众多因素组成的产业技术创新驱动力系统促使产业自主创新行为的发生。由企业、高校、科研机构和中介机构等组成的自主创新体系相互作用，通过自主创新、集成创新、吸收和消化再创新等多种创新方式提高技术创新能力，使产业内资源得到有效、合理的配置，优化产业结构，提高产业的核心竞争力，促进经济效益增长，提高环境技术效率。外部环境为技术创新提供政策、资金等方面的支持，为技术创新提供良好的环境。

技术进步会推进经济发展，同样，经济发展也能够反馈于创新系统，促进产业技术创新。一方面，随着经济的发展使创新系统具备更雄厚的经济基础，增加对技术创新的资金、人才的投入，完善基础设施建设，健全技术创新制度，促使技术创新系统更加健全地发展；另一方面，经济增长也会拉动社会的消费水平，带动市场需求，形成新的市场竞争，进一步驱动产业技术创新。

因此，战略性新兴产业创新系统在内外部驱动力的作用下，有助于产业创新能力的提高，从而促进经济的增长和环境技术效率的提升。

5.5　环境技术效率内外部驱动力的共生机制分析

5.1小节构建了战略性新兴产业的创新系统，5.2小节对战略性新兴产业环境技术效率的内部驱动力因素进行了分析，5.3小节对环境技术效率的外部驱动力进行了分析，但是环境技术效率的驱动力之间并不是单独作用而是共同作用推动环境技术效率的提高。因此，本节构建内外部驱动力因素的共生 Logistic 模型，分析环境技术效率内外部驱动力系统的共生机制。

5.5.1 环境技术效率内外部驱动力的共生 Logistic 模型

（1）环境技术效率内部驱动力因素的 C-D 模型。战略性新兴产业环境技术效率的内部驱动力因素包括创新战略、科研经费、高素质人才以及技术创新。本小节构建的环境技术效率内部影响因素系统的 C-D 模型如式（5.1）所示。

$$f(I) = R_I x_1^{\alpha} x_2^{\beta} x_3^{\gamma} x_4^{\sigma} \tag{5.1}$$

在式（5.1）中，$f(I)$ 为环境技术效率内部驱动力因素系统，R_I 为 $f(I)$ 的固有系统参数，x_1 为创新战略因素，x_2 为科研经费因素，x_3 为高素质人才因素，x_4 为技术进步因素。α、β、γ 和 σ 为对应的参数，其中，$R_I > 0$，$0 < \alpha < 1$，$0 < \beta < 1$，$0 < \gamma < 1$，$0 < \sigma < 1$。

在上述构建的环境技术效率内部驱动力因素系统的 C-D 生产函数模型中，创新战略因素、科研经费因素、高素质人才因素以及技术进步因素从不同角度作用于环境技术效率内部驱动力因素系统，对环境技术效率内部驱动力因素系统均起着正向促进作用。

为了分析各内部驱动力因素对内部驱动力因素系统 $f(I)$ 的作用程度，分别进行 $f(I)$ 对各内部驱动力因素求偏导，分析各内部驱动力因素对 $f(I)$ 系统的作用程度及其变化趋势，各具体情况如表 5-2 所示。

表 5-2　内部驱动力因素对 $f(I)$ 系统的作用程度

内部驱动力因素	偏导数	正负性	变化趋势
创新战略	$df(I)/dx_1 = \alpha R_I x_1^{\alpha-1} x_2^{\beta} x_3^{\gamma} x_4^{\sigma}$	正	逐渐减小
科研经费	$df(I)/dx_2 = \beta R_I x_1^{\alpha} x_2^{\beta-1} x_3^{\gamma} x_4^{\sigma}$	正	逐渐减小
高素质人才	$df(I)/dx_3 = \gamma R_I x_1^{\alpha} x_2^{\beta} x_3^{\gamma-1} x_4^{\sigma}$	正	逐渐减小
技术进步	$df(I)/dx_4 = \sigma R_I x_1^{\alpha} x_2^{\beta} x_3^{\gamma} x_4^{\sigma-1}$	正	逐渐减小

依据表 5-2，内部驱动力因素对 $f(I)$ 系统的作用程度及其变化趋势情况如下：

$f(I)$ 对创新战略因素 (x_1) 进行求偏导，得到 $df(I)/dx_1 = \alpha R_I x_1^{\alpha-1} x_2^{\beta} x_3^{\gamma} x_4^{\sigma}$。依据上文中各个符号的取值范围，$df(I)/dx_1$ 的取值为正，这说明创新战略因素 (x_1) 对内部驱动力因素系统 $f(I)$ 起着正向的促进作用。在其他内部驱动力因素不变的情况下，随着创新战略因素 (x_1) 的增大，$df(I)/dx_1$ 的取值逐渐减小，这说明创新战略因素 (x_1) 对内部驱动力因素系统 $f(I)$ 的正向促进作用随着创新战略因素 (x_1) 的增大而逐渐减小，这是因为创新战略因素、科研经费因素、高素质人才因素以及技术进步因素是共同作用于内部驱动力因素系统 $f(I)$ 的，单独增加创新战略因素，并不能完全发挥出四大内部驱动力因素共同对系统 $f(I)$ 的作用程度，只会造成创新战略因素 (x_1) 对 $f(I)$ 的正向促进作用随着其增大而逐渐减小。

$f(I)$ 对科研经费因素 (x_2) 进行求偏导，得到 $df(I)/dx_2 = \beta R_I x_1^{\alpha} x_2^{\beta-1} x_3^{\gamma} x_4^{\sigma}$。依据上文中各个符号的取值范围，$df(I)/dx_2$ 的取值为正，这说明科研经费因素 (x_2) 对内部驱动力因素系统 $f(I)$ 起着正向的促进作用；在其他内部驱动力因素不变的情况下，随着科研经费因素 (x_2) 的增大，$df(I)/dx_2$ 的取值逐渐减小，这说明科研经费因素 (x_2) 对内部驱动力因素系统 $f(I)$ 的正向促进作用随着科研经费因素 (x_2) 的增大而逐渐减小，这是因为创新战略因素、科研经费因素、高素质人才因素以及技术进步因素是共同作用于内部驱动力因素系统 $f(I)$ 的，单独增加科研经费因素，并不能完全发挥出四大内部驱动力因素共同对系统 $f(I)$ 的作用程度，只会造成科研经费因素 (x_2) 对 $f(I)$ 的正向促进作用随着其增大而逐渐减小。

$f(I)$ 对高素质人才因素 (x_3) 进行求偏导，得到 $df(I)/dx_3 = \gamma R_I x_1^{\alpha} x_2^{\beta} x_3^{\gamma-1} x_4^{\sigma}$。依据上文中各个符号的取值范围，$df(I)/dx_3$ 的取值为正，这说明高素质人才因素 (x_3) 对内部驱动力因素系统 $f(I)$ 起着正向的促进作用；在其他内部驱动力因素不变的情况下，随着高素质人才因素 (x_3) 的增大，$df(I)/dx_3$ 的取值逐渐减小，这说明高素质人才因素 (x_3) 对内部驱动力因素系统 $f(I)$ 的正向促进作用随着高素质人才因素 (x_3) 的增大而逐渐减小，这是因为创新战略因素、科研经费因素、高素质人才因素以及技术进步因素是共同作用于内部驱动力因素系统 $f(I)$ 的，单独增加高素质人才因素，并不能完全发挥出四大内部驱动

力因素共同对系统 $f(I)$ 的作用程度，只会造成高素质人才因素 (x_3) 对 $f(I)$ 的正向促进作用随着其增大而逐渐减小。

$f(I)$ 对技术进步因素 (x_4) 进行求偏导，得到 $df(I)/dx_4 = \sigma R_I x_1^{\alpha} x_2^{\beta} x_3^{\gamma} x_4^{\sigma-1}$。依据上文中各个符号的取值范围，$df(I)/dx_4$ 的取值为正，这说明技术进步因素 (x_4) 对内部驱动力因素系统 $f(I)$ 起着正向的促进作用；在其他内部驱动力因素不变的情况下，随着技术进步因素 (x_4) 的增大，$df(I)/dx_4$ 的取值逐渐减小，这说明技术进步因素 (x_4) 对内部驱动力因素系统 $f(I)$ 的正向促进作用随着技术进步因素 (x_4) 的增大而逐渐减小，这是因为创新战略因素、科研经费因素、高素质人才因素以及技术进步因素是共同作用于内部驱动力因素系统 $f(I)$ 的，单独增加技术进步因素，并不能完全发挥出四大内部驱动力因素共同对系统 $f(I)$ 的作用程度，只会造成技术进步因素 (x_4) 对 $f(I)$ 的正向促进作用随着其增大而逐渐减小。

（2）环境技术效率外部驱动力因素系统的 C-D 模型。战略性新兴产业环境技术效率的外部驱动力因素包括市场竞争、金融支持、产业结构、政府扶持、环境约束以及对外开放程度。构建的环境技术效率外部影响因素系统的 C-D 模型如式（5.2）所示。

$$f(E) = R_E y_1^{\mu} y_2^{\nu} y_3^{\theta} y_4^{\psi} y_5^{\delta} y_6^{\tau} \tag{5.2}$$

在式（5.2）中，$f(E)$ 为环境技术效率外部驱动力因素系统，R_E 为 $f(E)$ 的固有系统参数，y_1 为市场竞争，y_2 为金融支持，y_3 为产业结构，y_4 为政府扶持，y_5 为环境约束，y_6 为对外开放程度。μ、ν、θ、ψ、δ、τ 为对应的参数，$R_E > 0$，$0 < \mu < 1$，$0 < \nu < 1$，$0 < \theta < 1$，$-1 < \delta < 0$，$0 < \tau < 1$。但 ψ 的特性则需要根据具体产业的特性而定，如果一个产业是属于必须靠政府进行资金介入的自然垄断型产业，则政府扶持与该产业环境技术效率外部影响因素系统呈现正相关，也就是 $0 < \psi < 1$；如果一个产业是属于不需要靠政府进行资金介入的非自然垄断型产业，当政府强行介入，会阻碍市场资源自由配置，造成该产业效率低下，此时，政府扶持与该产业环境技术效率外部驱动力因素系统呈现负相关，也就是 $-1 < \psi < 0$。

为了分析各外部驱动力因素对外部驱动力因素系统 $f(E)$ 的作用程度，这里分别进行 $f(E)$ 对各外部驱动力因素求偏导，分析各外部驱动力因素对 $f(E)$ 系统的作用程度及其变化趋势，各具体情况如表 5-3 所示。

表5-3 外部驱动力因素对 $f(E)$ 系统的作用程度

外部驱动力因素		偏导数	正负性	变化趋势
市场竞争		$df(E)/dy_1 = \mu R_E y_1^{\mu-1} y_2^{\nu} y_3^{\theta} y_4^{\psi} y_5^{\delta} y_6^{\tau}$	正	逐渐减小
金融支持		$df(E)/dy_2 = \nu R_E y_1^{\mu} y_2^{\nu-1} y_3^{\theta} y_4^{\psi} y_5^{\delta} y_6^{\tau}$	正	逐渐减小
产业结构		$df(E)/dy_3 = \theta R_E y_1^{\mu} y_2^{\nu} y_3^{\theta-1} y_4^{\psi} y_5^{\delta} y_6^{\tau}$	正	逐渐减小
政府扶持	$0 < \psi < 1$	$df(E)/dy_4 = \psi R_E y_1^{\mu} y_2^{\nu} y_3^{\theta} y_4^{\psi-1} y_5^{\delta} y_6^{\tau}$	正	逐渐减小
	$-1 < \psi < 0$	$df(E)/dy_4 = \psi R_E y_1^{\mu} y_2^{\nu} y_3^{\theta} y_4^{\psi-1} y_5^{\delta} y_6^{\tau}$	负	绝对值逐渐减小
环境约束		$df(E)/dy_5 = \delta R_E y_1^{\mu} y_2^{\nu} y_3^{\theta} y_4^{\psi} y_5^{\delta-1} y_6^{\tau}$	负	绝对值逐渐减小
对外开放程度		$df(E)/dy_6 = \tau R_E y_1^{\mu} y_2^{\nu} y_3^{\theta} y_4^{\psi} y_5^{\delta} y_6^{\tau-1}$	正	逐渐减小

依据表5-3，各外部驱动力因素对 $f(E)$ 系统的作用程度及其变化趋势情况如下文所述：

$f(E)$ 对市场竞争因素（y_1）进行求偏导，得到 $df(E)/dy_1 = \mu R_E y_1^{\mu-1} y_2^{\nu} y_3^{\theta} y_4^{\psi} y_5^{\delta} y_6^{\tau}$。依据上文中各个符号的取值范围，$df(E)/dy_1$ 的取值为正，这说明市场竞争因素（y_1）对外部驱动因素系统 $f(E)$ 起着正向的促进作用；在其他外部驱动力因素不变的情况下，随着市场竞争因素（y_1）的增大，$df(E)/dy_1$ 的取值逐渐减小，这说明市场竞争因素（y_1）对外部驱动力因素系统 $f(E)$ 的正向促进作用随着市场竞争因素（y_1）的增大而逐渐减小，因为六大外部驱动力因素是共同作用于外部驱动力因素系统 $f(E)$ 的，单独增加市场竞争因素，并不能完全发挥出六大外部驱动力因素共同对系统 $f(E)$ 的作用程度，只会造成市场竞争因素（y_1）对 $f(E)$ 的正向促进作用随着其增大而逐渐减小。

$f(E)$ 对金融支持因素（y_2）进行求偏导，得到 $df(E)/dy_2 = \nu R_E y_1^{\mu} y_2^{\nu-1} y_3^{\theta} y_4^{\psi} y_5^{\delta} y_6^{\tau}$。依据上文中各个符号的取值范围，$df(E)/dy_2$ 的取值为正，这说明金融支持因素（y_2）对外部驱动力因素系统 $f(E)$ 起着正向的促进作用；在其他外部驱动力因素不变的情况下，随着金融支持因素（y_2）的增大，$df(E)/dy_2$ 的取值逐渐减小，这说明金融支持因素（y_2）对外部驱动力因素系统 $f(E)$ 的正向促进作用随着金融支持因素（y_2）的增大而逐渐减小，因为六大外部驱动力因素是共同作用于外部驱动力因素系统 $f(E)$ 的，单独增加金融支持因素，并不能完全发挥出六大外部驱动力因素共同对系统 $f(E)$ 的作用程度，只会造成金融支持因素（y_2）对 $f(E)$ 的正向促进作用随着其增大而逐渐减小。

$f(E)$ 对产业结构因素 (y_3) 进行求偏导，得到 $df(E)/dy_3 = \theta R_E y_1^{\mu} y_2^{\nu} y_3^{\theta-1} y_4^{\psi} y_5^{\delta} y_6^{\tau}$。依据上文中各个符号的取值范围，$df(E)/dy_3$ 的取值为正，这说明产业结构因素 (y_3) 对外部驱动力因素系统 $f(E)$ 起着正向的促进作用；在其他外部驱动力因素不变的情况下，随着产业结构 (y_3) 的不断优化，$df(E)/dy_3$ 的取值逐渐减小，这说明产业结构因素 (y_3) 对外部驱动力因素系统 $f(E)$ 的正向促进作用随着产业结构因素 (y_3) 的增大而逐渐减小，这是因为六大外部驱动力因素是共同作用于外部驱动力因素系统 $f(E)$ 的，单独增加产业结构的优化程度，并不能完全发挥出六大外部驱动力因素共同对系统 $f(E)$ 的作用程度，只会造成产业结构因素 (y_3) 对 $f(E)$ 的正向促进作用随着其增大而逐渐减小。

$f(E)$ 对环境约束因素 (y_5) 进行求偏导，得到 $df(E)/dy_5 = \delta R_E y_1^{\mu} y_2^{\nu} y_3^{\theta} y_4^{\psi} y_5^{\delta-1} y_6^{\tau}$。依据上文中各个符号的取值范围，$df(E)/dy_3$ 的取值为负，这说明产业结构因素 (y_3) 对外部驱动力因素系统 $f(E)$ 起着负向的抑制作用；在其他外部驱动力因素不变的情况下，随着环境约束因素 (y_5) 的增加，$df(E)/dy_3$ 的绝对值逐渐减小，这说明环境约束因素 (y_5) 对外部驱动力因素系统 $f(E)$ 的负向抑制作用随着环境约束因素 (y_5) 的增大而逐渐减小，这是因为六大外部驱动力因素是共同作用于外部驱动力因素系统 $f(E)$ 的，环境约束因素的单独增加，会受到其他五大外部驱动力因素的限制，各外部驱动力因素之间互相作用的联动性受到制约，这样只会造环境约束因素 (y_5) 对 $f(E)$ 的正向促进作用随着其增大而逐渐减小。

$f(E)$ 对对外开放程度因素 (y_6) 进行求偏导，得到 $df(E)/dy_6 = \tau R_E y_1^{\mu} y_2^{\nu} y_3^{\theta} y_4^{\psi} y_5^{\delta} y_6^{\tau-1}$。依据上文中各个符号的取值范围，$df(E)/dy_6$ 的取值为正，这说明对外开放程度因素 (y_6) 对外部驱动力因素系统 $f(E)$ 起着正向的促进作用；在其他外部驱动力因素不变的情况下，随着对外开放程度因素 (y_6) 的增大，$df(E)/dy_6$ 的取值逐渐减小，这说明对外开放程度因素 (y_6) 对外部驱动力因素系统 $f(E)$ 的正向促进作用随着对外开放程度因素 (y_6) 的增大而逐渐减小，这是因为六大外部驱动力因素是共同作用于外部驱动力因素系统 $f(E)$ 的，单独增加对外开放程度因素，并不能完全发挥出六大外部驱动力因素共同对系统 $f(E)$ 的作用程度，只会造成对外开放程度因素 (y_6) 对 $f(E)$ 的正向促进作用随着其增大而逐渐减小。

政府扶持因素 (y_4) 不同于以上几个外部驱动力因素，$f(E)$ 对政府扶持因素（y_4）进行求偏导，得到 $df(E)/dy_4 = \psi R_E y_1{}^\mu y_2{}^\nu y_3{}^\theta y_4{}^{\psi-1} y_5{}^\delta y_6{}^\tau$。依据上文中各个符号的取值范围，当 $0 < \psi < 1$ 时，$df(E)/dy_4$ 的取值为正，并且随着政府扶持因素（y_4）的增大，$df(E)/dy_4$ 的取值逐渐减小，这说明政府扶持因素（y_4）对外部驱动力因素系统 $f(E)$ 起着正向的促进作用，并且其对外部驱动力因素系统 $f(E)$ 的正向促进作用随着政府扶持因素（y_4）的增大而逐渐减小；当 $-1 < \psi < 0$ 时，$df(E)/dy_4$ 的取值为负，并且随着政府扶持因素（y_4）的增大，$df(E)/dy_4$ 的绝对值逐渐减小，这说明政府扶持因素（y_4）对外部驱动力因素系统 $f(E)$ 起着负向的抑制作用，并且其对外部驱动力因素系统 $f(E)$ 的负向抑制作用随着对政府扶持因素（y_4）的增大而逐渐减小。

（3）环境技术效率内外部驱动力因素的共生 Logistic 模型。我国战略性新兴产业环境技术效率内部驱动力系统和外部驱动力系统均为非线性系统，其对应的演化方程为：

$$\frac{dx(t)}{dt} = f(x_1, x_2, \cdots, x_n), \quad i = 1, 2, \cdots, n \tag{5.3}$$

其中，$f(x_1, x_2, \cdots, x_n)$ 为 x_i 的非线性函数。$f(x_1, x_2, \cdots, x_n)$ 在 $x = 0$ 处的泰勒级数展开式为：

$$f(x_1, x_2, \cdots, x_n) = f(0) + \sum_{i=1}^{n} \alpha_i x_i + \theta(x_1, x_2, \cdots, x_n) \tag{5.4}$$

其中，$f(0) = 0$，α_i 为对应的偏导数，$\theta(x_1, x_2, \cdots, x_n)$ 为不低于二次方的解析函数。根据李雅普诺夫第一近似定理，式（5.4）中略去高次项 $\theta(x_1, x_2, \cdots, x_n)$ 后的近似系统如式（5.5）所示。

$$\frac{dx(t)}{dt} = \sum_{i=1}^{n} \alpha_i x_i, \quad i = 1, 2, \cdots, n \tag{5.5}$$

按照上述方法，依次建立的我国战略性新兴产业环境技术效率内部驱动力因素系统 $f(I)$ 如式（5.6）所示，其外部影响驱动力系统 $f(E)$ 如式（5.7）所示。

$$f(I) = \sum_{i=1}^{4} \alpha_i x_i, \quad i = 1, 2, 3, 4 \tag{5.6}$$

$$f(E) = \sum_{j=1}^{6} \beta_j y_j, \quad j = 1, 2, \cdots, 6 \tag{5.7}$$

式（5.6）中 x_i 分别为创新战略、科研经费、高素质人才以及技术进步指标，α_i 为 x_i 的权重；式（5.7）中 y_j 分别为市场环境、金融支持、产业结构、政府扶持、环境约束以及对外开放程度指标，β_j 为 y_j 的权重。环境技术效率内部驱动力因素系统 $f(I)$ 和外部驱动力因素系统 $f(E)$ 共同构成了环境技术效率影响因素系统，因此，在这个环境技术效率影响因素系统中，只有 $f(I)$ 和 $f(E)$ 两个元素。依据贝塔朗菲的一般系统理论，$f(I)$ 与 $f(E)$ 为整个驱动力因素系统的主导部分，则得到：

$$A = \frac{df(I)}{dt} = \alpha_1 f(I) + \alpha_2 f(E) \tag{5.8}$$

$$B = \frac{df(E)}{dt} = \beta_1 f(I) + \beta_2 f(E) \tag{5.9}$$

式（5.8）中的 A 为环境技术效率内部驱动力因素系统的演化状态，式（5.9）中的 B 为环境技术效率外部驱动力因素系统的演化状态。A 与 B 是互相影响的，其中任何一个子系统的变化都将影响到整个系统的变化。A 和 B 的演化速度分别为：

$$V_A = \frac{dA}{dt} \tag{5.10}$$

$$V_B = \frac{dB}{dt} \tag{5.11}$$

依据式（5.10）与式（5.11），当 $f(I)$ 与 $f(E)$ 协调时，整个环境技术效率驱动力因素系统也是协调的，将整个环境技术效率驱动力因素系统的演化速度 V 看作是 V_A 和 V_B 的函数，则有 $V = g(V_A, V_B)$，以 V_A 和 V_B 为控制变量，通过分析 V_A 和 V_B 的变化来研究 $f(I)$ 与 $f(E)$ 协调关系，并探究 $f(I)$ 与 $f(E)$ 对环境技术效率驱动力机制的综合作用水平。

在环境技术效率的驱动力机制中，$f(I)$ 与 $f(E)$ 相互作用并彼此促进，综合作用于环境技术效率驱动力因素系统。因此，$f(I)$ 与 $f(E)$ 之间是一种互惠互利的共生模式。基于此，构建的 $f(I)$ 与 $f(E)$ 两子系统中演化速度 V_A 与 V_B 的共生 Logistic 模型如式（5.12）所示。

$$\begin{cases} \dfrac{dV_A}{dt} = r_1 V_A \left(1 - \dfrac{V_A}{V_{\bar{A}}} + \dfrac{\delta_1 V_B}{V_{\bar{B}}}\right), & V_A(0) = V_{A0} \\[3mm] \dfrac{dV_B}{dt} = r_2 V_B \left(1 - \dfrac{V_B}{V_{\bar{B}}} + \dfrac{\delta_2 V_A}{V_{\bar{A}}}\right), & V_B(0) = V_{B0} \end{cases} \tag{5.12}$$

式（5.12）中，r_1 为 V_A 的固定增长率，V_{A0} 为初始状态值，$V_{\bar{A}}$ 为非共生模式下 V_A 的上限速度，δ_1 为共生模式下 V_B 对 V_A 的作用水平；r_2 为 V_B 的固定增长率，V_{B0} 为初始状态值，$V_{\bar{B}}$ 为非共生模式下 V_B 的上限速度，δ_2 为共生模式下 V_A 对 V_B 的作用水平；$0 < r_1 < 1$，$0 < r_2 < 1$，$0 < \delta_1 < 1$，$0 < \delta_2 < 1$，$V_{\bar{A}} > 0$，$V_{\bar{B}} > 0$，$V_{A0} > 0$，$V_{B0} > 0$。

依据式（5.12），当 $\dfrac{dV_A}{dt} = 0$ 时，得到 V_A 的最优演化速度 $V_A{}^*$，当 $\dfrac{dV_B}{dt} = 0$ 时，得到 V_B 的最优演化速度 $V_B{}^*$，$V_A{}^*$ 与 $V_B{}^*$ 分别为：

$$\begin{cases} V_A{}^* = \dfrac{V_{\bar{A}}(1 + \delta_1)}{1 - \delta_1\delta_2} > V_{\bar{A}} \\[3mm] V_B{}^* = \dfrac{V_{\bar{B}}(1 + \delta_2)}{1 - \delta_1\delta_2} > V_{\bar{B}} \end{cases} \tag{5.13}$$

在式（5.13）中，共生模式下 V_A 的最优演化速度 $V_A{}^*$ 大于非共生模式下 V_A 的上限速度 $V_{\bar{A}}$，共生模式下 V_B 的最优演化速度 $V_B{}^*$ 也大于非共生模式下 V_B 的上限速度 $V_{\bar{B}}$，这说明在共生模式下，$f(I)$ 与 $f(E)$ 两子系统中演化速度 V_A 与 V_B 的上限都得到了提高，均突破了非共生模式下两子系统的演化速度上限。$f(I)$ 与 $f(E)$ 的协调性也得到了相应的提高，$f(I)$ 与 $f(E)$ 对环境技术效率驱动力机制的综合作用也得到了进一步的提升。

5.5.2 环境技术效率内外部驱动力系统演化速度的仿真分析

依据上文中的环境技术效率内外部驱动力因素系统的共生 Logistic 模型，令 $V_{\bar{A}} = 1000$，$V_{\bar{B}} = 1000$，$r_1 = 0.03$，$r_2 = 0.01$，$\delta_1 = 0.2$，$\delta_2 = 0.4$，$V_{A0} = 150$，$V_{B0} = 100$。运用 Matlab 软件对共生 Logistic 模型进行 1000 次的迭代，得到环境技术效率内外部驱动力因素系统演化速度的仿真结果，如图 5-6 所示。

在图 5-6 中，共生模式下的环境技术效率内部驱动力因素系统的最优演化速度大于其非共生模式下的上限速度，也就是 $V_A{}^* = 1304 > V_{\bar{A}} = 1000$；共生模式下的环境技术效率外部驱动力因素系统的最优演化速度大于其非共生模式下的上限速度，也就是 $V_B{}^* = 1522 > V_{\bar{B}} = 1000$。这说明在共生模式下，$f(I)$ 子系统的各个影响因素并非单独作用于 $f(I)$ 子系统，而是各个驱动力因素共同作用于 $f(I)$ 子系统；$f(E)$ 子系统的各个驱动力因素也并非单独作用于 $f(E)$ 子

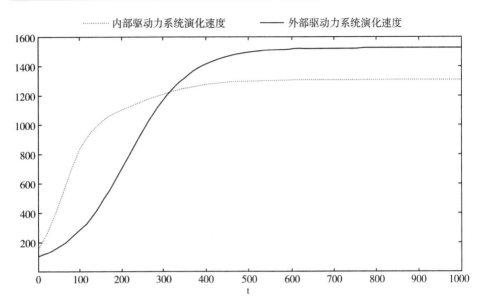

图 5-6 环境技术效率内外部驱动力因素系统演化速度仿真图

系统，而是各个驱动力因素共同作用于 $f(E)$ 子系统。$f(I)$ 子系统与 $f(E)$ 子系统也并非各自单独作用于环境技术效率的驱动力机制，而是 $f(I)$ 与 $f(E)$ 通过子系统之间相互渗透共同作用于环境技术效率。

在共生模式下，通过各子系统内部的影响因素之间以及各子系统之间的互相作用与互相促进，两个子系统中的最优演化速度均突破了在非共生模式下的演化速度上限，$f(I)$ 与 $f(E)$ 的协调性得到了一定程度的提高。$f(I)$ 与 $f(E)$ 对环境技术效率的作用也得到促进，$f(I)$ 与 $f(E)$ 对环境技术效率影响机制的综合作用也得到了进一步的提升。

6 鄱阳湖生态经济区战略性新兴产业环境技术效率测度分析

6.1 相关指标的选取

前文运用方向性距离函数测算了我国各省市七大战略性新兴产业的环境技术效率，并对其影响因素进行了分析，并全面地分析了我国战略性新兴产业环境技术效率的内外部驱动力因素。

为更加全面地分析战略性新兴产业的环境技术效率，本章运用方向性距离函数模型测算 1998~2011 年江西省鄱阳湖生态经济区四大战略性新兴产业的环境技术效率。由于国务院在 2009 年才对战略性新兴产业进行划分并重点发展，年鉴中关于战略性新兴产业的数据接近于零，所以我们选取了数据可获取的四大战略性新兴产业进行分析。数据来源于各年份《江西省统计年鉴》、各年份《中国高技术产业统计年鉴》以及江西省工业与信息部发布的鄱阳湖生态经济区十大战略性新兴产业生产经营情况。

假定鄱阳湖生态经济区战略性新兴产业生产过程中有三种投入变量：各行业固定资产净值（K）、全部从业人员年平均数（L）、R&D 技术投入经费（R&D）。

产出包括期望产出和非期望产出，其中期望产出变量为战略性新兴产业各行业总产值（GDP）、拥有发明专利数（P）；非期望产出变量为工业二氧化硫（SO_2）排放量。各投入产出变量的具体情况如表 6-1 所示。

表 6-1 投入和产出变量的选取

	变量	指标	指标说明
投入	资本投入	固定资产投资额	以固定资产投资价格指数为折算系数，折算成以 2000 年为基期的不变价格指数
	劳动投入	从业人数	采用行业年从业人数总和，无须调整
	技术投入	R&D 经费	采用 R&D 经费内部支出，以 GDP 折算指数折算成以 2000 年为基期的不变价格
期望产出	产业增长	总产值	以历年生产总值指数为折算系数，折算成以 2000 年为基期的不变价格
	技术增长	拥有发明专利数	无须调整
非期望产出	环境污染	烟尘排放量	废气中的 SO_2 是我国环境管制的主要监控指标

6.2 战略性新兴产业环境技术效率测度分析

利用五大战略性新兴产业 1998~2011 年的投入、产出数据，在可变规模报酬以及非期望产出弱可处置性的情况下求解线性规划模型，算出方向性距离矩阵函数值，然后算出每年各行业的环境技术效率（ETE），计算结果如表 6-2 所示。

表 6-2 四大战略性新兴产业的环境技术效率（ETE）

年份	生物及新医药制造业	航空制造业	半导体	光伏	均值
1998	0.50	0.50	0.50	0.50	0.50
1999	0.56	0.58	0.55	0.50	0.55
2000	0.62	0.63	0.59	0.62	0.62
2001	0.78	0.65	0.62	0.65	0.68
2002	0.80	0.67	0.73	0.73	0.73
2003	0.80	0.67	0.72	0.79	0.75
2004	0.81	0.70	0.72	0.80	0.76

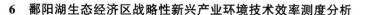

续表

年份	生物及新医药制造业	航空制造业	半导体	光伏	均值
2005	0.84	0.71	0.72	0.81	0.77
2006	0.85	0.73	0.74	0.82	0.79
2007	0.85	0.71	0.74	0.83	0.78
2008	0.86	0.72	0.74	0.84	0.79
2009	0.87	0.74	0.75	0.83	0.80
2010	0.87	0.74	0.75	0.84	0.80
2011	0.88	0.76	0.76	0.85	0.81
均值	0.78	0.68	0.69	0.74	0.72

根据表 6-2 所测的环境技术效率均值大小，鄱阳湖生态经济区四大战略性新兴产业中生物及新医药制造业和光伏产业是环境与工业较为协调的行业，航空制造业、半导体是环境与工业不协调行业。战略性新兴产业在 1998 年处于"环境与工业极不协调"的状态，经过十多年的发展，到 2011 年转变为"环境与工业较为协调"，但是整体产业环境技术效率仍然很低。鄱阳湖生态经济区四大战略性新兴产业的环境技术效率均值在 1998~2011 年呈现缓慢上升的趋势，ETE 均值从 1998 年的 0.5 上升到 2011 年的 0.81，说明鄱阳湖生态经济区对资源的利用率越来越高。鄱阳湖生态经济区战略性新兴产业之间的环境技术效率差异不大，大多数行业环境保护与战略性新兴产业发展处于失衡状态，发展模式仍然属于粗放型发展模式，环境技术效率总体水平较低，环境技术效率进一步提高的空间与潜力较大，这同鄱阳湖生态经济区处于战略性新兴产业发展初期，技术发展不成熟，主要依靠资源消耗增加产能的发展现状相符。

根据所得环境技术效率结果得到 1998~2011 年鄱阳湖生态经济区战略性新兴产业环境技术效率的变动，测算得各产业的 GML 指数，并将其分解为技术进步（EC）指数和效率改进（BPC）指数，具体结果如表 6-3 所示。

表6-3 1998~2011年各产业环境技术效率指数的变动及其分解（累积值）

产业	考虑非期望产出：GML指数			不考虑非期望产出：GML指数		
	GML	EC	BPC	GML	EC	BPC
生物及新医药制造业	1.352	0.937	1.443	1.645	0.678	2.426
航空制造业	0.735	1.323	0.556	1.182	0.765	1.545
半导体	0.866	1.352	0.641	1.170	0.543	2.155
光伏	2.671	0.979	2.728	3.504	1.503	2.331
均值	1.41	1.15	1.34	1.88	0.87	2.11

基于全局生产技术集的GML指数具有循环可加性，表6-3中的GML、EC和BPC数据实际上为各产业在1998~2011年的累积变化值，反映鄱阳湖生态经济区战略性新兴产业环境技术效率、技术进步率和效率改进率的总体变动程度。

表6-3显示，在考虑非期望产出的情况下，1998~2011年鄱阳湖生态经济区环境全要素生产率总体上显现上升的趋势，增长主要源于技术进步和效率改进。在考虑非期望产出的情况下，战略性新兴产业平均环境生产效率增长了41%，表明环境约束下，鄱阳湖生态经济区战略性新兴产业环境生产率增长了51%。

而当非期望产出是自由或强可处置性时，所有产业的环境技术效率都有明显的上升，平均环境全要素生产率增长指数为1.88，这表明不考虑环境规制时明显高估了全要素生产率的增长。当未考虑非期望产出弱可处置性时，各产业的技术进步程度被低估，而效率改进程度被高估，说明高能耗、高污染迫使生产者主要将精力放在节能降耗上而不是提高生产技术水平，使得环境污染治理暂时拉低了技术进步程度，而技术效率"被动"提高。技术水平的上升和效率的改进都对环境技术效率的增长起着至关重要的作用。

为了比较GML与ML指数之间的区别，这里利用ML指数测度环境技术效率的增长（ML）、效率改进（MLEFFCH）和技术进步（MLTECH），结果如表6-4所示。

表6-4 1998~2011年各产业环境技术效率指数的变动及其分解（累积值）

产业	考虑非期望产出：ML 指数			不考虑非期望产出：ML 指数		
	ML	MLTECH	MLEFFCH	ML	MLTECH	MLEFFCH
生物及新医药制造业	1.127	1.201	0.938	1.025	1.102	0.930
航空制造业	0.938	1.003	0.935	0.994	1.048	0.948
半导体	0.966	1.051	0.919	1.132	1.087	1.041
光伏	1.123	0.994	1.129	1.176	1.157	1.016
均值	1.04	1.06	0.98	1.08	1.10	0.98

由表6-4可以看出，相对于 GML 指数，ML 指数明显低估了环境技术效率、技术进步和效率增长的程度，这也是利用当期 DEA 方法测度技术进步率时有可能出现技术倒退的原因之一。各行业环境技术效率增长差异也明显缩小，这是因为 ML 指数采用相邻两期投入产出数据的几何平均形式，从而平滑了生产效率的波动。技术进步仍然是全要素生产增长的主要原因。

为了与已有文献形成对比，本节采用 Malmquist-Luenberger（ML）指数估计了不考虑非期望产出情况下的效率变化（MLEFFCH）和技术进步（MLTECH）。结果显示，在未考虑环境污染情况下，鄱阳湖生态经济区1998~2011年战略性新兴产业环境技术效率增长了4%，其中技术进步率为6%，技术进步是环境技术效率增长的主要源泉。未考虑非期望产出时，1998~2011年技术效率的增长高于环境技术效率的增长，主要是因为：未考虑资源环境因素时，高估了技术效率的增长。

6.3 鄱阳湖生态经济区战略性新兴产业环境技术效率的影响因素分析

根据前文的分析，综合考虑战略性新兴产业环境技术效率影响因素，选取以下指标进行实证分析：战略性新兴产业产出（Output）、外商直接投资（FDI）、技术创新（R&D）、环境管制力度（SO₂）、规模效应（Scale）。具体如表6-5所示：

表 6-5 战略性新兴产业环境技术效率影响因素

指标	变量	指标说明
影响因素	战略性新兴产业产出（Output）	采用战略性新兴产业各行业的生产总值来衡量各行业的产出水平，所有数据以 2000 年为基准进行平减处理
	外商直接投资（FDI）	采用各战略性新兴产业外商投资与港澳台投资总和表示 FDI，所有数据以 2000 年为基准进行平减处理
	技术创新（R&D）	采用战略性新兴产业各行业 R&D 内部总支出来衡量各行业的技术创新，所有数据以 2000 年为基准进行平减处理
	环境管制力度（SO_2）	采用 SO_2 排放量占空气中废气比率作为衡量环境管制力度指标
	规模效应（Scale）	采用各行业固定资产净值表示企业的规模，所有数据以 2000 年为基准统一进行平减处理

结合随机森林（Random Forest）算法建立战略性新兴产业环境技术效率与其影响因素的回归树模型，计算各影响因素对被解释变量的相对影响，并结合面板 Tobit 模型对鄱阳湖生态经济区战略性新兴产业的影响因素开展定量分析。

6.3.1 环境技术效率影响因素的 RFA 模型

根据现有文献的研究成果和数据的可得性，本节选取固定资产投资、环境管制力度、外商直接投资、技术创新、战略性新兴产业产出作为战略性新兴产业环境技术效率的解释变量。本部分对主要影响因素变量进行探索性分析。根据样本基本情况，计算出各解释变量对环境技术效率的相对影响。

随机森林算法是以回归树作为基础学习器，而回归树可以直接处理不同量纲和名义水平的数据，这也是回归树的一个巨大优点，因此不再将数据进行标准化，而是直接利用随机森林算法拟合函数关系。随机森林算法实现采用 R 语言中 randomForest 包完成。用随机森林算法计算被解释变量对于解释变量的相对影响有两种准则，一种根据随机变换的增量，另一种根据节点纯度（node purity）的增量。用上述两种方法分别计算各影响因素对环境技术效率的影响情况，结果如表 6-6 所示：

表 6-6　两种方法计算的各种变量对环境技术效率的相对影响

变　量	%IncMSE	IncNodePurity
技术创新	24.305257	0.3387087
环境管制力度	14.738846	0.2223667
外商直接投资	14.489710	0.2431265
固定资产投资	9.624456	0.1951827
战略性新兴产业产出	9.378630	0.1896089

为了更直观地显示两种方法计算的各变量对环境技术效率的相对影响，用图形表示各影响因素的比重，结果如图 6-1 所示：

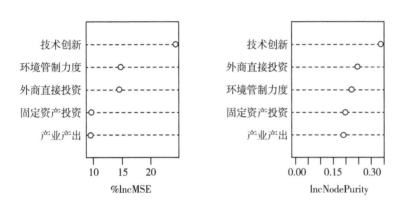

图 6-1　两种方法计算的各变量对环境技术效率的相对影响

从图 6-1 可以看出，不同准则计算的相对影响排序是不一样的。结点纯度准则更适合于分类问题，而随机变换准则更适合于回归问题。本书中环境技术效率是连续变量，所以更倾向于随机变换准则的结果。由图 6-1 可知，影响环境技术效率的因素中，按照影响从大到小顺序排列依次是：技术创新、外商直接投资、环境管制力度、固定资产投资即规模效应、战略性新兴产业产出。其中技术创新对环境技术效率的影响最大，达到 33.87%，是环境技术效率的主要影响因素；外商直接投资对环境技术效率的影响作用次之，占24.3%；环境管制力度对环境技术效率的影响排第三，占 22.2%；最后是固定资产投资和战略性新兴产业产出，分别占 19.5% 和 18.9%。

6.3.2 环境技术效率影响因素的面板 Tobit 模型

为了检验鄱阳湖生态经济区战略性新兴产业环境技术效率与各影响因素的关系，建立面板 Tobit 模型进行回归，回归方程如下：

$$ETE_{it}^* = C + \beta_1 GDP_{it} + \beta_2 FDI_{it} + \beta_3 K_{it} + \beta_4 RD_{it} + \beta_5 SO_{2it} + \varepsilon_{it}$$

$$ETE_{it} = Max(0, ETE_{it}^*)$$

其中，$i = 1, 2, 3, 4, 5$；$t = 1, 2, \cdots, 14$（1989 年为第 1 年，1999 年为第 2 年，以此类推）。

该方程中各个变量解释说明如下：

（1）ETE_{it}：表示产业 i 在时间 t 的环境技术效率值。

（2）GDP_{it}：表示产业 i 在时间 t 的产出。

（3）FDI_{it}：表示产业 i 在时间 t 的外商直接投资。

（4）K_{it}：表示产业 i 在时间 t 的固定资产投资。

（5）RD_{it}：表示产业 i 在时间 t 的技术创新。

（6）SO_{2it}：表示产业 i 在时间 t 的环境管制力度。

（7）ε_{it}：表示方程的随机误差项。

（8）C：表示方程的待定常数项。

这里采用软件 Stata12 进行回归分析，结果如表 6-7 所示。

表 6-7　战略性新兴产业环境技术效率影响因素 Tobit 回归结果

回归结果	战略性新兴产业	
变量	FE	RE
产业产出	−0.0081	−0.0093
	(0.0660) *	(0.0932) *
外商直接投资	0.244	0.249
	(0.0175) **	(0.0672) *
技术创新	0.341	0.367
	(0.0068) ***	(0.0132) **
环境管制力度	−0.167	−0.191
	(0.0235) **	(0.0382) **

续表

回归结果	战略性新兴产业	
变量	FE	RE
固定资产投资	0.142	0.138
	(0.0246)**	(0.0429)**
Industry	5	5
Observation	70	70
R²	0.6987	0.7112

注：（1）括号内为相应的 p 值。（2）*、**、***分别表示估计系数在10%、5%、1%水平上显著。

运用 Hausman 检验方法检验，结果发现：战略性新兴产业拒绝了原假设。这说明鄱阳湖生态经济区战略性新兴产业适合固定效应模型（FE）。根据 Tobit 模型回归结果可以看出，除战略性新兴产业产出外，外商直接投资、固定资产投资、环境管制力度、技术创新都能显著影响战略性新兴产业的环境技术效率。

（1）技术创新对战略性新兴产业环境技术效率的提高具有积极作用，每增加一单位 R&D 内部总支出，环境技术效率就提高 0.341 个单位，影响作用显著。说明增加科技创新与研发经费会提高环境技术效率，这与实际相吻合。创新环保技术，不但能够推动产业产出的增加，而且可以减少污染排放，从而提高环境技术效率。因此，技术创新对于战略性新兴产业环境技术的提高具有重大的贡献。

（2）外商直接投资对战略性新兴产业环境技术效率的作用是正方向的，外商直接投资占 GDP 的比重提高一个单位，战略性新兴产业环境技术效率值将增加 0.224 个单位，且影响显著，说明提高鄱阳湖生态经济区战略性新兴产业的外商直接投资会提高环境技术效率。传统观点认为西方发达国家采取严厉的环保措施，导致高污染、高耗能的工业企业集中向发展中国家转移，因此，如果考虑环境污染，FDI 并不能使环境技术效率提高。但是战略性新兴产业是以重大技术突破和重大发展为基础的产业，外商投资的增加将使企业有更多的资本引进国内外先进技术，提高资源利用率，从而提高环境技术效率，这与现实基本吻合。

（3）加强环境管制力度对战略性新兴产业环境技术效率的提高具有积极作用，环境中二氧化硫占废弃排放量的比重减少一个单位，战略性新兴产业环境技术效率值将增加 0.167 个单位，说明加强环境管制力度对于提高鄱阳湖生态经济区战略性新兴产业的环境技术效率具有积极的促进作用。

（4）规模效应对战略性新兴产业环境技术效率的提高同样具有积极作用，固定资产投资占 GDP 的比重提高一个单位，战略性新兴产业环境技术效率值将增加 0.142 个单位。企业规模越大，其环境技术效率水平相对较高。由于规模大的企业技术更新速度相对更快，政府监管更加严苛，企业为保持正面形象更加注重环境保护，所以其环境技术效率水平相对较高。说明提高鄱阳湖生态经济区战略性新兴产业的固定资产投资将有利于提高环境技术效率。

（5）战略性新兴产业产出对环境技术效率的作用不显著，即战略性新兴产业的产出变化对环境技术效率的影响很小，在保持环境技术效率不变的情况下，企业可以加大产出。

因此，本章运用方向性距离函数理论方法系统地评价了鄱阳湖生态经济区五大战略性新兴产业从 1998～2011 年的环境技术效率，并利用 Global Malmquist-Luenberger（GML）指数测算了 1998~2011 年鄱阳湖生态经济区五大战略性新兴产业的环境技术效率的增长状况，将环境技术效率的变动分解为技术进步和效率改进两个方面，并与未考虑非期望产出的 GML 指数以及当期考虑非期望产出和未考虑非期望产出的 Malmquist-Luenberger 指数进行了对比。并相应分析了 1998~2011 年战略性新兴产业环境技术效率的硬性因素，得出的主要结论和启示如下：

第一，鄱阳湖生态经济区四大战略性新兴产业中生物及新医药制造业和光伏产业是环境与工业较为协调行业，航空制造业、半导体是环境与工业不协调行业。战略性新兴产业在 1998 年处于"环境与工业极不协调"状态。从整体时间趋势来看，鄱阳湖生态经济区战略性新兴产业的环境技术效率整体水平偏低，但是在 1998~2011 年间呈现缓慢上升趋势。说明该段时期的战略性新兴产业对资源的利用率较低，但是随着技术的改进和科技的发展处于缓慢上升的状态。随着科学发展观的提出，人们对可持续发展的认识更加清醒，对环境保护越来越重视，企业在创造产出增长的同时更加注重环境保护和生态建设、扩大就业、完善社会保障等其他指标。通过技术的进步和环保意识的加强，企业对资源的利用率越来越高，达到了"低投入"、"高产出"、"低污染"的目标，说明只有通过环境技术不断提高经济增长质量才能改变我国的经济增长模式，实现经济转型目标。

第二，环境技术效率的增长主要源于技术进步和效率改进，从环境技术效率及其分解因子来看，技术进步的差异化最小，效率改进的产业差异程度最大。如不考虑非期望产出，技术效率的增长高于考虑非期望产出时的技术效率。这说明不考虑非期望产出会夸大环境技术效率的增长。同时，当期生产技术下的环境技术效率普遍低于全局生产技术下的测算结果。这是因为 ML 指数采用相邻两期投入产出数据的几何平均形式，从而平滑了生产效率的波动。技术进步仍是全要素生产增长的主要原因。

第三，根据环境技术效率的含义和方向性距离函数的定义，从宏观和微观考虑，影响环境技术效率的因素如下：规模效应、外商直接投资（FDI）、环境管制力度、技术创新（R&D）、战略性新兴产业产出。研究发现：技术创新对于提高企业环境技术效率具有显著正效应，即研发投入越高的企业，其环境技术效率水平越高。外商直接投资与其技术效率成正比，即其他条件相同的情况下，更高的外商直接投资将导致更高的环境技术效率。环境管制力度对于提高企业环境技术效率具有正效应，加强环境管制力度，减少空气中 SO_2 的排放量，对于提高环境技术效率具有积极的促进作用。规模效应对环境技术效率有正效应，即企业规模越大，固定资产投资越多，其环境技术效率水平越高。战略性新兴产业产出对于环境技术效率没有显著的影响。

7 提高我国战略性新兴产业环境 技术效率的对策研究

基于上文中战略性新兴产业环境技术效率测算的结果以及对环境技术效率的影响因素的实证结果以及环境技术效率的内外部驱动力分析结果，本章从战略上和具体对策上提出相应的战略性新兴产业环境技术效率提升的政策建议。

7.1 提升战略性新兴产业环境技术效率的 战略对策

根据拥有专利发明数、R&D 经费内部支出、劳动力素质以及技术变更额对环境技术效率提升的促进作用、市场集中度、所有制结构以及 CO_2 排放量（环境约束）对环境技术效率提升的抑制作用，以及环境技术效率的空间相关性及趋同性，本节从以下七个方面提出提升战略性新兴产业环境技术效率的战略性政策建议：制定新型创新战略，提升产业创新能力；加大研发财力和人力投入，强化企业创新主体地位；改革创新体制，促进技术引进消化吸收再创新；促进产业集群成长，优化产业结构；坚持政府引导和市场调节相结合，优化资源配置；经济发展与环境并重，坚持可持续发展战略；考虑区域差异和空间相关性，因地制宜发展战略性新兴产业。对策的具体情况如下文所述。

（1）制定新型创新战略，提升产业创新能力。考虑到战略性新兴产业属于知识技术密集型产业，技术创新对战略性新兴产业的发展尤为重要。前文的研究结果表明反映创新战略的发明专利数对环境技术效率提升具有显著的促进作用，而且现阶段我国战略性新兴产业正处于产业生命周期的成长期，这意味着制定新型创新战略，选择有效的创新方式提升产业创新能力可以降低技术创新周期，提高技术效率。有助于提升环境技术效率。

一方面，我国在发展战略性新兴产业时，应注重掌握新兴产业发展的核心技术，重视突破性技术的创新和改造，实现产业的自主创新，才能不受制于"人"而形成产业的核心竞争力，进而赶超世界战略性新兴产业，提高我国战略性新兴产业的国际竞争力和影响力。如 19 世纪初英国在纺织技术领域的突破性创新取代了意大利成为世界第一个科学与经济中心；19 世纪末，德国在化工领域的突破性技术创新取代了英国成为世界科技与经济的中心；20 世纪30 年代，美国以电力技术为代表的突破性技术创新取代了德国成为新的科技与经济的中心。只有加强我国战略性新兴产业的突破性技术创新，形成自主知识产权，才能摆脱国外战略性新兴产业发展的制约，实现产业发展的战略性赶超。

另一方面，促进以企业为主体的技术创新活动，大幅度提高专利的拥有数量与质量。形成一批核心竞争力强、拥有自主知识产权和知名品牌的企业。推动企业制定知识产权管理制度，引导企业开展专利、商标等的申请和注册工作，使之逐步成为技术创新和知识产权保护战略的实施主体。知识产权的应用是企业知识产权战略的重点，尽量避免重保护轻应用的误区。鼓励和支持市场主体依法运用知识产权去保护自己的权益，加快各种创新和发明成果向现实生产力的转化，将企业的产权优势转化为技术优势。通过出台鼓励技术转让的政策，使得知识产权归属与转让利益的分配机制得以明确，进而促进拥有自主知识产权的成果的产业和技术转让的转化。

同时，应注意到全球背景下的技术创新环境已经发生了巨大变化，随着技术创新的规模、速度和范围的不断扩大以及技术创新的复杂性与不确定性的增加，技术创新网络化和模块化的出现，以及技术创新联盟的兴起，各种各样的合作创新越来越多地被企业所采纳，导致传统的仅仅依靠内部资源进行高成本的创新活动，已经难以适应快速发展的市场需求以及日益激烈的企业竞争。因此，兴起时间比较短的我国战略性新兴产业在发展过程中应该逐步转向"开放式创新与领先型创新"的新型创新战略，通过把外部创意和外部市场化渠道的作用上升到和封闭式创新模式下的内部创意以及内部市场化渠道同样重要的地位，并均衡协调内部和外部的资源进行创新，通过积极寻找外部的合资、技术特许、委外研究、技术合伙、战略联盟或者风险投资等合适的商业模式来尽快地把创新思想变为现实产品与利润，促进我国战略性新兴产业的快速并持续的发展。

（2）加大研发财力和人力投入，强化企业创新主体地位。既然 R&D 经费内部支出和劳动力素质是战略性新兴产业环境技术效率提升的主要因素，这就表明增大研发的财力和人力投入，有助于环境技术效率的提升。

首先，政府应加大财政支出中对科技经费的支持力度。战略性新兴产业是知识密集型产业，同时也是高投入、高风险的产业，其研发或产业化需要大量的资金投入，且创新成果有一定的不确定性，企业出于对风险的规避而对战略性新兴产业技术研发或产业化的热情不高。此时，应加大国家财政预算对战略性新兴产业技术研发的支持力度。例如，将一定比例的国内生产总值用于重大专项核心技术研发和产业化，或建立科技成果转化基金，促进战略性新兴产业技术创新和产业化。同时，政府可以通过给予技术创新在企业税收、财政以及优惠政策等方面的支持，通过直接增加科研经费投入，改革投融资机制为战略性新兴产业筹集资金，分担创新风险。

其次，加强产业融资平台的建设，健全融资体系，以便资源能够得到合理而有效的配置。发展战略性新兴产业的一个重要条件是多渠道的风险资本来源。而目前，我国风险投资的资金规模过小、结构过于单一，融资渠道亟须拓宽。政府此时可通过融资担保和补贴资金等形式来推动早期风险投资的发展，借此扩散和放大政府资金功能，激励企业、其他社会资源加大对创新资金的投入，为企业进行创新提供充裕的资金保障。

再次，建立人才资源支撑体系。企业是最重要的创新主体，要坚持以人为本，树立尊重人才、尊重知识、尊重创新、尊重劳动的风尚，构建人才引进、培养、使用、评价、激励的新机制，并充分调动创新人才和科技人员的积极性和创造性，打造一支结构合理、素质优良、实力强劲的创新人才队伍。加强职业技术教育和企业员工培训体系建设，开展创建学习型企业活动，培养大批具有蓬勃创新精神的高素质人才，努力形成人才辈出的局面。遵循公平、公正、公开的原则，建立并健全良性的充满活力的人才竞争、评价和激励机制，从而引导和造就一大批优秀专业技术人才和高级管理人才脱颖而出。建立人才引进机制，拆除围墙，降低门槛，敞开大门，开辟"绿色通道"，有针对性地加大海外顶尖人才的引进力度，为其创造适宜的土壤，突破传统技术人员管理模式，彻底打破人才单位所有、地区所有的旧观念。推进户口不迁、关系不转、人才柔性流动的机制，形成人才跨地区、跨行业、跨所有制自由流动和优化组合的新机制，做好借智发展的文章。

最后，战略性新兴产业创新和发展的重要动力是企业家。在人力资源中发挥着创新作用的企业家是企业成长方向和路径的组织者和推动者，以一种精神的力量，推动、实现生产要素"新组合"。实施"企业家素质提升工程"，营造更好的创新创业氛围，造就一支高素质的、适应战略性新兴产业发展需要的企业家队伍；在经营权和所有权分离的公司治理结构下，企业应加快人力资本入股，规范控制权从企业的所有者——股东手中，转移到经理手中的发展趋势，解决了"为谁而干"的问题，从而吸引了大批富有创新精神的科技人员携带成果和智慧来创业，一支具有创新意识和创新精神的企业家队伍就产生了。

资金和人才是保障战略性新兴产业发展的最重要的生产要素，通过加大资金投入和人才储备，有助于促进战略性新兴产业技术创新能力和环境技术效率的提升。

（3）改革创新体制，促进技术引进消化吸收再创新。前文的研究结果表明反映技术进步的技术变更额有助于战略性新兴产业环境技术效率的提升，这意味着技术引进消化吸收再创新也是提升环境技术效率的重要因素。因此，基于持续关注原始创新、集成创新的同时，更加重视先进技术的引进消化吸收再创新，通过技术创新和技术改造的有机结合，将创新资源有效地整合起来，从而全面提高我国战略性新兴产业的技术创新能力和环境技术效率。

首先，技术引进消化吸收再创新要与外部技术源相互联动。企业作为创新主体，要与高等院校、科研院所等外部技术源建立联系，有效提高技术引进、消化吸收与再创新能力。以江西省为例，发展光伏、铜和半导体照明等企业要与省内外的江西财经大学、华东交通大学、江西农业大学、清华大学等院校签订合作协议，或建立科研合作机构的意向，拓宽协作渠道。并委托该院校培养教育，进而培养一大批企业留得住、用得上的紧缺专业人才。从而以先进人才为主体，在消化、吸收引进技术的基础上，进行高起点创新，真正形成技术竞争的优势。

其次，在外资、技术、管理经验的引进方面，企业应该加强对引进外资、技术和管理经验的质量评估，要从"来者不拒"的方式转变成"择善而从"的方式，同时不同地区结合自身的发展特点应采取不同的引进政策。例如，对于环境技术效率低的华北地区、西南地区、华南地区和西北地区，应注重引进低耗能产业的外资，因为在这些地区由于长期的发展，环境问题相对严重，所以在外资投资的产业方面应严格把关。而对于环境技术效率高的华中地区、东北地区、华东地区以及华北地区，可以引进基础设施建设的外资，主要考虑其对经济的推进作用。总之，不能一味地照搬过来使用，要结合我国战略性新兴产业自身的发展特点，选取有利于我国战略性新兴产业发展的技术和手段。另外，在引进核心技术的同时摒弃不需要的冗余技术，节省引进成本。在引进管理方法的同时要限制和禁止引进国外高污染的企业进入我国进行生产。

最后，聚集重点，确定技术引进与消化吸收再创新的重点领域，明确各个领域的工作内容。根据战略性新兴产业发展方向和要求，支持企业引进清洁发电、新能源、电子通信、环境保护、机械制造、新材料等占据科技制高点、推动经济增长或对国计民生具有重要意义的关键技术和共性技术，重点进行消化吸收，突破其中的关键技术瓶颈，并在此基础上进行再创新。着力完善技术引进与消化吸收再创新各项管理制度，加强对国内引进条件的分析指导及对国外技术研究追踪，建立技术引进信息共享系统，制定技术引进门槛，尽量保持高水平的引进。对于已经引进的现有技术，建立联网管理和全口径技术进口统计分析系统，实现引进技术的信息共享，进而减少重复引进。

因此，在现阶段，战略性新兴产业应在重视自主创新的同时，加大技术引进消化吸收再创新。在引进外资、高新技术和先进管理手段的过程中，积极借鉴发达国家的经验，完善和建立引进制度，扶持并鼓励发展战略性新兴产业，实现战略性新兴产业资源利用率的提高，从而提升战略性新兴产业的环境技术效率。

（4）促进产业集群成长，优化产业结构。反映大中型企业集聚状况的市场集中度对我国战略性新兴产业环境技术效率提升具有显著的阻碍作用，表明我国战略性新兴产业结构和空间布局尚不合理，阻碍环境技术效率的提升。目前我国战略性新兴产业初步形成了以珠三角、长三角及环渤海地区为主的产业布局，产业集聚的趋势就日益凸显。在地方产业规划中主要看重短期利益的趋势使得跟风现象较为严重，这直接导致有些产业满足不了市场需求，另外有些产业出现产能过剩的现象。此外，地区产能分布不均、优势产业趋同现象仍然存在，缺乏国家范围内统一的产业链条及产业分工。因此，应该集中区域对优势产业进行统一规划，选择不同重点发展方向，进而使全国范围内的战略性新兴产业能够协同发展。

首先，重点扶持一批战略性新兴产业中的骨干企业。集中力量发展现有的基础设施齐全、自主创新能力强、主营业务突出、掌握核心技术、发展势头强劲的骨干企业，突出骨干企业的发展优势，致力于形成具有品牌优势、核心竞争力强、带动力大的战略性新兴产业联盟。骨干企业联盟之间能够形成技术、知识共享平台，促进核心技术和高新技术的研发和转化，提高战略性新兴产业整体的技术创新能力。对发展规模小、但是成长空间大的中小企业通过多种方式进行扶持，以期将其整合成以大企业为核心的配套企业，为大企业提供专项服务，例如为大企业做技术外包，对尖端技术进行重点突破等。

其次，以培育战略性新兴产业为主线，按照核心和关键技术优先的原则，培育和发展战略性新兴产业集群，形成设施完整、资源互补、产品特色鲜明、核心竞争力突出的战略性新兴产业集群。战略性新兴产业的发展应该积极引导新兴产业进行合理的空间集聚和布局，使得产业空间组织得以优化运行。此外，还应该注重产业配套，在依托现有产业布局的条件下避免项目重复建设。准确定位产业发展，建立合理布局并完善垂直分工的战略性新兴产业集群，最终实现产业链条的完善。努力构建加工、生产和销售的"一条龙"配套经营体系，实现产业分工的细化，使得生产环节得以拓展，产业链条得以延伸，最终促进产业集群的发展。并将传统产业的改造升级与发展战略性新兴产业结合起来，努力形成和发展一批新兴产业专业化的配套企业，借助产业集群的带动效应，吸引或逐步衍生出更多相关企业的集聚发展，实现集群竞争优势的增强。同时，大力促进现有产业集群与战略性新兴产业集群融合，将战略性新兴产业的核心技术渗透到其他产业的发展中，形成特色鲜明、资源优势互补、发展速度快的产业集群链，实现经济的快速发展，降低能耗物耗，减少环境污染，保护生态环境。

最后，有针对性地对战略性新兴产业的配套项目及延伸项目进行发展，形成战略性新兴产业发展链。产业链的形成有利于输送资源、融合技术以及反馈创新成果，从而显著提升战略性新兴产业的技术创新能力。基于产业链的整合，重点发展薄弱环节的产业链条以及未来所有可能成为产业链"瓶颈"的产业链，促进我国战略性新兴产业链条各环节间的平衡、协调发展的实现，最终形成完善的产业体系。通过产业链中企业之间的交流和合作，降低信息、资金、物资等的传输成本，增强技术、知识的流动性及共享，使得整个战略性新兴产业链的环境技术效率得以提升。

因此，需要重点扶持高成长性的战略性新兴企业，使得战略性新兴产业集群和产业链条得以培育和发展，促进产业技术创新能力的提升，优化产业结构，进一步提高战略性新兴产业的环境技术效率。

（5）坚持政府引导和市场调节相结合，优化资源配置。用国有及国有控股企业总产值占行业总产值的比例来表示的所有制结构对提升战略性新兴产业环境技术效率具有显著的阻碍作用，表明单纯利用政府调控是不利于环境技术效率提升的。要充分发挥政府引导和市场调节对资源优化配置的作用，才能促进环境技术效率的提升。

首先，建立企业主动追求创新的内在机制。一方面，依托优势骨干企业，联合科研机构和高校，围绕关键核心技术的研发和集成系统，对若干具有国内外先进水平的工程化平台进行构建，发展一批由企业主导、高校和科研机构积极参与的技术创新联盟，进而通过联盟成员间的合作探索企业技术创新的风险分担和化解机制。引导创新要素向企业集聚，深化创新型企业试点，支持中小企业做专做精、做大做强。另一方面，进一步深化国有企业改革、加强国有企业股份制改造，优化国有经济布局。引导国有资本向具有竞争优势的重点战略性新兴产业集中，优化国有资本在区域、产业、企业之间的分布，发挥战略性新兴产业的主导作用和国有经济的整体优势。建立现代企业制度，鼓励有条件的民营企业参与国有大型企业和垄断企业的改组改造，支持国有企业采取股权转让、战略合作、增资扩股、并购联合、合资合作等多种形式与民营企业进行跨区域和跨所有制发展。

其次，制定和实施战略性新兴产业创新能力培育计划，使得政府的指导和调控作用得以发挥。政府一方面应针对战略性新兴产业的发展提供良好的政策支持。加强战略性新兴产业法律法规制度建设，采用相宜的立法模式实现战略性新兴产业政策的法制化，借助法律法规保证相关政策的稳定性、连续性和权威性。通过立法明确规定我国战略性新兴产业的范围、技术标准、发展方向以及相关扶持措施。建立战略性新兴产业信息平台，提供实时信息查询和便捷的咨询服务等。通过健全知识产权保护体系，规范技术交易市场，保障技术创新收益，加速技术成果的转化，增加创新的积极性，为战略性新兴产业发展营造公平公正的市场环境。

另一方面，政府部门不直接参与管理，其职责是从战略性新兴产业整体发展的高度把握技术发展方向，努力营造更好的创新环境，加强创新效率，分阶段地引导和有效发挥产业创新系统的功能。其中，形成期的产业创新系统主要是逐渐积聚各种创新要素，此时政府的作用是整合政策资源，促进各种创新主体间的合作和交互学习，逐步推动创新文化和改善政策制度环境等；而发展期的产业创新系统主要功能是加速知识传递和技术扩散过程，政府要加大支持企业创新力度，改善创业活动环境，提供技术中介服务等。

（6）经济发展与环境并重，坚持可持续发展战略。传统的经济增长理论主要以经济增长为主，忽视了经济增长与资源、环境之间的关系，企业普遍处于"高投入、低产出"和"低利用、高污染"的生产状态。战略性新兴产业虽与传统产业不同，属于技术驱动型产业，但是由于其发展仍处于初期阶段，存在技术不成熟、依靠资源带动的特点，对资源的利用率依然很低。通过上文中已测算的战略性新兴产业环境技术效率，可以看出在现阶段我国战略性新兴产业的环境技术效率较低，战略性新兴产业在发展的过程中并没有很好地处理好经济发展与环境污染的关系。基于此，在加快前沿技术进步的同时，战略性新兴产业在发展过程中从可持续发展理念出发，处理好资源节约、环境保护以及经济增长三者之间的协调关系，在发展过程中既要求经济效益好、科技含量高，又要求环境污染少并且资源消耗低，使资源得到充分的利用。

首先，政府应该加强环境管制力度，提高环保工作效率，完善环保制度，实现产业发展与环境保护均衡发展模式。环保理念应该从"先污染后治理"向"防治为主，治理为辅"转变。从运用强制手段保护环境转变为运用经济、技术和法律手段来解决问题，提高环保工作效率。在完善环保制度的同时，政府应因地制宜，对于不同地区采取不同的环境规制制度，消除区域差异。

其次，发展战略性新兴产业必须以产业技术创新为主导，淘汰并限制生产能力落后的企业，将资源引导至高生产能力的企业，使资源得到更充分的利用。限制低水平企业重复建设及盲目投资，避免资源得到不必要的浪费。将产业结构优化和升级作为发展战略性新兴产业今后工作的重点，追求节约、环保、安全的经济发展模式。

最后，在发展战略性新兴产业的过程中，通过创新生产技术，使得在生产过程中，各生产资源得到更加合理的配置和使用，从而提高资源的利用率；通过创新环保技术，减少生产过程中污染物的排放；对排放的污染物进行加工处理，减少污染物的直接排放，使污染物的排放量得到一定的控制，提高资源的循环利用率。

环境状况的改善可以弱化技术效率改善过程中的环境制约因素，进而达到切实提升环境技术效率的目的，以至于进一步发展战略性新兴产业。因此，在发展战略性新兴产业的过程中，应注重经济发展与环境并重，坚持可持续发展战略。

（7）考虑区域差异和空间相关性，因地制宜发展战略性新兴产业。我国幅员辽阔，由于各种原因导致战略性新兴产业发展参差不齐，战略性新兴产业环境技术效率差异较大。第3章中环境技术效率的测度结果表明，华中地区的环境技术效率最高，之后从高到低依次是东北地区、华东地区、华北地区、西南地区，最后是华南地区和西北地区。但同时也发现，我国环境技术效率存在较为明显的空间相关性和趋同性。因此，在制定提高战略性新兴产业环境技术效率的政策和建议时要充分考虑地区禀赋、区域差异以及空间相关性，因地制宜提高战略性新兴产业环境技术效率。

首先，要结合地区的特点进行战略性新兴产业的选择。目前，新一代信息技术产业、高端装备制造产业、节能环保产业、新能源产业、生物产业、新能源汽车以及新材料产业七大产业为我国已选择的战略性新兴产业。在此基础上，各地方还需要继续细化和深化，根据当地的具体条件，选择技术研发和产业培育的优先领域进行培育。如江西结合自身农业发展的优势，将金属新材料、非金属新材料、光伏、风能核电、半导体照明、新能源汽车和动力电池、航空制造、生物、绿色食品、文化及创意十大产业划分为战略性新兴产业从而开始发展。战略性新兴产业的选择、发展、培育，应该是分析国家与区域之间在产业、领域、项目的统筹协调和两个或多个区域之间的产业、领域、项目的统筹、优选、链接的基础上进行的。各个区域在进行战略性新兴产业选择时要考虑国家需要、本区域特点和优势，以便综合比较评价分析，以实现优胜劣汰，在考虑区域自身产业发展的同时，继续考虑区域间的协调，区域间产业之间的链接等。

其次，加强区域之间的合作，通过环境技术效率的空间相关性和趋同性，以环境技术效率高的地区带动环境技术效率低的地区发展。环境技术效率低说明产业对资源的利用率不高，对资源的依赖性大，生产技术不够发达。因此区域之间应该加强交流与合作，形成区域间的产业链接，并通过技术溢出和辐射效应，实现区域间资源、技术的共享，以技术效率高的地区带动技术效率低的地区发展，消除战略性新兴产业各地区的环境技术效率差异，实现区域经济一体化发展。

因此，要充分考虑战略性新兴产业环境技术效率的区域差异和空间相关性，依据区域禀赋、当地和周边地区经济发展阶段，并发展和培育地域优势选择下的合适的战略性新兴产业，因地制宜地发展战略性新兴产业，实现产业环境技术效率的提升。

7.2 增强战略性新兴产业环境技术效率动力的对策

第5章研究得出，战略性新兴产业环境技术效率是由十大影响因素驱动的，其中，内源驱动力分别为科研经费、高素质人才、创新战略以及技术进步；外源驱动力主要为市场环境、金融支持、产业结构、政府扶持、对外开放程度和环境约束。因此，内源角度下增强战略性新兴产业环境技术效率动力的对策有如下三项：增加科研经费投入，提高产业创新能力；完善产业内人才培养机制，切实提高产业高素质人才密度；探索多种产业创新发展模式，提升产业核心竞争力。外源角度下增强战略性新兴产业环境技术效率动力的对策有如下六项：培育市场环境，扩大市场需求；完善金融支持体制，强化产业发展资本支持；重点扶持特色产业，促进产业的聚集发展；加强"官—产—学—研"一体化战略中的政府支持作用；深化开放合作，促进知识技术共享；严格执行环境管制政策，促进战略性新兴产业与环境协调发展。下面是具体的对策。

7.2.1 内源动力视角下增强环境技术效率动力的对策

（1）增加科研经费投入，提高产业创新能力。第4章的研究表明，科研经费的投入能够有效促进战略性新兴产业环境技术效率的增长。而战略性新兴产业具有技术前沿性等特点，其发展动力以技术创新为主，而科研经费的投入影响着技术创新以及创新成果的转化。因此，必须加大科研经费的投入力度，促进企业自主创新、集成创新、消化吸收再创新，实现技术的重大创新和突破，以应对技术的不断更新换代。加大科研经费的投入力度有利于创新技术转化为创新成果，创新成果的市场情况对技术创新形成反馈，进一步推动技术创新。

一方面，根据战略性新兴产业所处的不同发展阶段，选择合适的科研经费投入方式。对于环境技术效率较低的新一代信息技术产业、生物医药产业、新材料产业，应该将科研经费重点应用于新产品的开发，如何提高资源的利用率，减少污染物的排放。包括投入于基础性、前瞻性领域，选择能够进行突破的技术进行投入；将科研经费用于引进、吸收国内外先进技术，结合发展的需要进行再创新。对于环境技术效率较高的节能环保产业、高端设备制造业、新能源产业、新能源汽车业，应该将科研经费重点运用于前沿技术的开发、技术研发到产业化的衔接，尤其要注重将科研经费应用于创新成果的转化方面。包括进行自主创新、研发前沿新技术，形成企业快速发展的核心竞争技术；结合各种要素，利用先进的信息技术等进行集成创新。

另一方面，应强化联合技术、核心技术的经费支持。突破战略性新兴产业生产过程中的关键技术和重点技术，企业应该建立专门的核心技术部门，对核心技术进行攻克，加大对该部门的资金支持，将科研经费重点应用于核心技术的研发。结合高校、科研机构设立技术研发机构，对战略性新兴产业的前沿技术进行研发、创新，借鉴国内外优秀的技术，结合产业特点进行创新，企业应加大对合作的支持，对合作的高校、科研机构提供更多的经费支持，用于技术创新。对重点发展产业的产业链、价值链进行分析，对发展潜力大的新一代信息技术、可再生能源等产业采用工程化的组织方式，以打造具有国际竞争力的产业链为目标，开展跨学科、跨领域的联合技术攻关，引导创新要素集聚，强化企业技术创新能力，使我国战略性新兴产业突破核心技术，构造完整的技术体系。

因此，科研经费投入的增加能够直接促进技术创新活动的开展和创新成果的实现，进而提升我国战略性新兴产业的技术创新能力，促进战略性新兴产业的发展和环境技术效率的提升。

（2）完善产业内人才培养机制，切实提高产业高素质人才密度。技术创新是提高我国战略性新兴产业环境技术效率水平的关键所在，而技术创新的一个重要来源是高素质人才，这两者是密不可分的。在上文中，随着战略性新兴产业劳动力素质的提升，战略性新兴产业环境技术效率也在一定程度上得到提高，这说明战略性新兴产业内高素质人才的集聚对其环境技术效率的提升有着促进作用。人力资本和技术属于稀缺资源，容易流向利润较高的产业，这时政府应充分发挥其作用。

首先，应该注重战略性新兴产业领域高端人才的引进。对于产业的当前发展状况，及时实施引进战略性新兴产业人才的计划，全面引进国内外从事战略性新兴产业方面的人才。可采取团队引进、专业人才引进等方式引入产业发展需要的高素质、具有专业技能、高层次的优秀人才。可采取高薪聘请、给予股份分红、对家属进行安置等方式吸引战略性新兴产业领域的高端人才。

其次，与高校、科研机构合作引进人才。一方面，增加教育投入，尤其是与战略性新兴产业发展相关的人才培养机构。对于高校的高技术专业学习可以给予更多支持，例如通过与企业合作达到学以致用，为企业提供理论知识丰富、实践能力突出的高素质人才，培育新型实用型的人才。另一方面，对于高校中从事基础性研究的拔尖人才及优秀科研团队要给予支持，鼓励高校和科研机构创新，在优秀的团队中选拔高素质人才进入企业工作，尤其要侧重扶持一些非竞争研究领域、具有正外部性的研究。最后，企业内部要完善人才培养机制，提高高素质人才待遇，促进高素质人才之间的交流，以高素质人才带动劳动型人才，使知识和技术在企业内部进行传播和讨论，有利于激发员工的创新思维，促进创新成果转化为产品。通过提高人才待遇与设立人才培育成长模式等措施完善产业内人才培养机制，更多地为我国战略性新兴产业培养出与时代接轨的高科技人才，整体提高产业内高素质人才层次，为战略性新兴产业长期发展提供足够人才支撑。

最后，对高素质人才进行激励。对战略性新型产业高素质人才进行管理，制定人才管理和人才激励机制，提高高素质人才的工作效率。采取基本工资和绩效工资相结合的工资制度，实行多样化的分配制度，对于科研成果优秀，技术能力突出的员工给予经济上以及精神上的鼓励。对优秀的人才实行股权分配、年终分红等多种形式的激励机制，对重大科研和技术成果给予重大支持，增加其研发经费，提高研究人员待遇等激励手段。综合各方面因素完善员工晋升机制，对表现优异的员工给予职位的晋升以及授予职称的奖励。激励战略性新兴产业的优秀人才，挖掘战略性新兴产业的人才，并为之提供良好的发展机会和广阔的发展空间。

因此，应通过完善产业内人才培养机制，增加战略性新兴产业高素质人才密度，加快技术创新进程，继而优化我国战略性新兴产业的产业结构，加强我国战略性新兴产业技术创新能力，从而提升我国战略性新兴产业环境技术效率。

（3）探索多种产业创新发展模式，提升产业核心竞争力。第5章研究表明，创新战略和技术进步有利于促进环境技术效率的提升，因此应该积极探索多种产业创新发展模式，增强战略性新兴产业技术创新能力，提升产业的核心竞争力，促进环境技术效率的提升。

首先，应该提高企业的自主创新意识。自主创新是企业提高技术创新能力的核心因素，只有提高自主创新能力，掌握核心技术，才能适应长期的发展并保持发展的先进性。战略性新兴产业应该依托发展稳定、具有引领作用的创新型骨干企业，支持骨干企业开发拥有自主知识产权和市场竞争力的新产品、新技术和新工艺；深化创新型企业试点，探索建立企业技术创新的风险分担和化解机制，强化企业自主创新的意识和能力；同时引导和支持创新要素向骨干企业集聚，加强创新型企业动态管理，形成激励企业持续创新的长效机制；发挥创新型企业的示范作用。

其次，大力推动建立以企业为主体的技术创新联盟，加强产业核心技术和共性技术的研究。针对战略性新兴产业的发展特点和所处的发展阶段，对其中影响重大、带动性强的产业进行技术攻关，以期能够掌握核心技术，在国际上占有一席之地，并带动其他产业发展；对产业发展关联性大，所用技术相同或者相似的产业，采取联合攻关的方式对发展中难以解决的技术难题进行攻克。在企业内部或者与高校合作建设具有自主研发能力的实验室、科研院所、技术中心等，针对企业生产经营中的技术难题进行研究，并结合当下国际战略性新兴产业的发展趋势，对未来技术发展方向进行预测，实现新技术的突破，形成一批具有自主知识产权和规模化应用前景的关键性技术。企业内部或者结合中介机构建立创新实验基地，对创新技术的可行性和成果进行检验，筛选出有利于企业发展的核心技术，并加速科技成果转化为现实生产力。根据《"十二五"国家战略性新兴产业发展规划》提出的各产业的核心技术发展方向，以及整理战略性新兴产业的发展状况，可知节能环保产业应该努力突破梯次利用和能源高效、循环利用和资源回收、安全处置和污染物防治等关键核心技术；生物产业应该面向农业发展、人民健康、资源环境保护等重大需求，实现生物资源利用等工艺装备开发和共性关键技术的强化；新生的信息技术产业应该全力加速建设融合、宽带、安全的信息网络基础设施，实现新型显示和先进半导体、无线通信和超高速光纤等新一代信息技术的突破；高端装备制造产业要大力发展卫星、现代航空装备及相应的应用产业，实现先进轨道交通装备发展水平的提升，并努力加快海洋工程装备的发展，提升智能制造装备的发展水平，促进制造业精密化、智能化、绿色化的发展；新材料产业要大力研究共性基础材料；新能源产业应该发展技术成熟的风电、核电、太阳能光伏和沼气、生物质发电、热利用等，积极推进可再生能源技术的产业化；新能源汽车产业应加快研发并及时推广应用高性能动力电机、电池等材料核心技术和关键零部件。

最后，严格引进消化吸收再创新的管理规范。建立以企业为主体、市场为导向，政府积极引导，企业、院所、高校良性互动的技术引进与消化吸收再创新促进体系。对引进技术尤其是技术装备的技术方案、工艺流程、质量控制、检测方法、安全环保措施等方面的消化吸收和再创新，要提出明确的标准和要求。在引进基础上进行的改进、集成和提升，应有助于形成具有自主知识产权的新技术、新工艺和新产品，引进的重大技术装备，有关企业必须提交消化吸收及再创新方案，明确计划、目标和进度。外资引进更要重视其先进技术的引进，在合作研发设计、联合承包、配套协作等方面提出明确的标准和要求，高起点、有选择地承接国际产业特别是产业链高端环节的转移。同时，注意跟国内战略性新兴产业技术创新进行有效衔接，引进的技术不能阻碍自主技术的发明创造。

因此，结合原始创新、集成创新和引进消化吸收再创新，有助于提高战略性新兴产业的技术创新能力和产业的核心竞争力，从而促进战略性新兴产业的发展和环境技术效率的提升。

7.2.2 外源动力视角下增强环境技术效率动力的对策

（1）培育市场环境，扩大市场需求，促进市场竞争。环境技术效率的影响因素实证结果表明市场竞争程度的加大有助于环境技术效率的提高。因此，在发展战略性新兴产业的过程中，通过对战略性新兴产业市场环境进行变更，以便扩大市场需求程度，在完善战略性新兴产业市场竞争机制的同时，形成注重社会效益和经济效益并存的竞争模式，以增强战略性新兴产业市场竞争的效率。将战略性新兴产业的发展从重供给、轻需求向更加注重培育和扩大国内市场转变，从主要补贴生产向推动消费转变。

首先，创新商业模式。在传统商业模式的基础上，加强基础设施建设，建设产品应用示范点。在产品应用较广的领域和城市与相关企业合作建立产品应用示范点，应用示范园区、示范街道。例如航空航天制造业生产的产品可以与航空公司一起建立示范点，根据实际应用结果提出相应的问题和改进措施。节能环保产业生产的产品可以在街道、社区示范点投入使用，以期提出改进方案。加大产品的专业服务和增值服务，积极推进绿色消费，循环消费，信息消费等新兴消费模式，创造适合战略性新兴产业发展的市场环境。

其次，扩大市场需求。引导消费者向战略性新兴产业倾斜，鼓励消费者消费节能环保、高技术、低污染、可循环利用的产品。对于公共事业基础设施建设，政府在采购时要优先考虑战略性新兴产业的产品，推广新能源汽车公交车、节能环保 LED、可循环利用的产品等。对于相关的高技术产业，为扩大市场需求，适当地降低产品价格，采取政府补贴的形式帮助推广。扩大战略性新兴产业产品的出口力度，增加战略性新兴产业的国际合作，将走在技术前沿的战略性新兴产业推广到全世界，增加对战略性新兴产业的市场需求，促进企业生产适应消费者需求的产品，促进产业技术创新。

最后，促进良性市场竞争。战略性新兴产业之间、战略性新兴产业与传统产业之间存在竞争，战略性新兴产业之间要形成有效的市场竞争机制，产业之间既要竞争也要合作，促进技术的创新和应用。战略性新兴产业与传统产业之间既要竞争也要引导，以前沿技术引导传统产业发展。

综上，通过改善市场环境，扩大市场需求，促进市场竞争，提高战略性新兴产业技术创新能力和产业的发展，并进一步促进我国战略性新兴产业环境技术效率的提升。

（2）完善金融支持体制，强化产业发展资本支持。提高战略性新兴产业环境技术效率离不开金融的支持，在技术创新过程中，金融支持对技术的开发和转化都有促进作用。

首先，强化金融支持政策，完善金融支持体制。金融支持政策应该充分发挥宏观调控作用，运用政策措施整合资源，规划扶持战略性新兴产业的发展，提升金融机构服务战略性新兴产业发展的内生动力，引导商业银行加大对战略性新兴产业的实质性支持力度。鼓励并推动符合条件的企业发行公司债券，发展社会风险投资，扶持风险投资机构以参股、融资担保等形式参与战略性新兴产业技术创新，降低战略性新兴产业技术创新的风险。制定流转税、所得税、消费税、营业税等税收支持政策，为战略性新兴产业发展提供税收优惠政策。为战略性新兴产业各方面的发展提供良好的融资环境。

其次，实行多样化融资方式。加快建立多层次的资本市场和风险投资市场，促进各种融资方式进行组合，拓展战略性新兴产业融资渠道。战略性新兴产业发展初期投入大，对资本要求高，应根据企业所处的发展阶段提供多选择的金融支持方案。根据战略性新兴产业发展的需要，将各种融资渠道进行优化组合，满足资金需求，同时，应鼓励小微金融对战略性新兴产业的支持，尝试建立小额贷款公司试点，规范和引导合格合规的民间资本参与设立战略性新兴产业的投资基金。支持鼓励企业通过股权出资、股权出质、商标使用权抵押、动产抵押等多种方式向金融机构、担保公司、小额贷款公司、国外企业和经济组织以及符合政府要求的民间借贷款机构进行融资，以拓宽融资渠道，创新战略性新兴产业金融服务机制。金融支持相关企业也应该把环节服务扩大到产业链服务，服务于战略性新兴产业生产的各个方面。

最后，设立技术创新专项资金。对战略性新兴产业技术创新提供专项融资政策，加大企业科研经费投入，为提高战略性新兴产业技术创新能力提供金融支持，设立战略性新兴产业技术创新专项资金，对重大技术创新能力建设、创新成果转化、重大应用示范工程、重大产业创新发展工程等进行专项资金支持。重点落实好关于技术创新、科技成果转化、再生资源利用和节能减排等实现战略性新兴产业的发展，并推行各项税收优惠和鼓励创新政策。

综上，完善金融支持体制，强化产业支持资本，有利于战略性新兴产业的发展以及战略性新兴产业技术创新能力的提高，进而提高环境技术效率。

（3）重点扶持特色产业，促进产业的集聚发展。现阶段，我国战略性新兴产业处于初步发展阶段，其空间分布较为分散，产业集聚程度不够，难以充分进行企业间的合作。在发展战略性新兴产业的过程中，通过重点扶持特色产业，促进产业集群发展，对我国战略性新兴产业的技术创新能力产生促进的作用，并进一步提升战略性新兴产业的环境技术效率。

首先，重点扶持一批高成长性企业，促进重大项目向战略性新兴产业重点突破领域集聚。围绕构建产业配套体系、延伸和完善产业链、提升产业集聚水平，集中资源和力量，有选择性地从国内外大财团、重点区域乃至知名企业引来一批在当地有优势基础的新兴项目，促进形成战略性新兴产业的基地。

其次，对优势骨干企业要尽量做大做强。大力实施企业品牌战略和推进企业品牌建设，尽量促成有利于企业品牌成长的社会氛围的营造，对战略性新兴产业产品争创名牌产品、中国驰名商标进行鼓励，培育竞争力强的战略性新兴产业区域品牌。进而逐渐建立危机管理机制和商标纠纷预警机制，加大奖励并保护品牌产品，实现品牌价值和品牌的市场竞争力的提升。与此同时，大力培育势头较强、潜力较大、基础较好的战略性新兴产业集团企业，使得其跻身全球同行业前列，成为经营状况良好、拥有自主知识产权和品牌优势、产品市场占有率、自主创新能力强、主业突出、主要经济指标居国内领先和掌握核心关键技术的骨干企业。讨论制订出战略性新兴产业骨干企业认证制度和工作联系制度，指定专人定期联系骨干企业，构建骨干企业联系的桥梁，协调骨干企业发展过程中遇到的问题和矛盾。根据国外战略性新兴产业的发展，新一代的电子信息和可再生能源产业，转基因育种、干细胞治疗等生物工程和新医药产业会成为未来的支柱和主导产业，因此，我国应该聚焦上述三大重点产业领域，集中资源优势，着力突破。

再次，加快发展成长型中小企业。政府主要通过贷款贴息、小额拨款、投资参股等直接方式注入中小企业，或者通过税收激励、银行担保、政策倾斜等间接方式激发中小企业的创新活力，再或者通过营造良好的环境等手段扶持中小企业的发展，形成整合分散中小企业并主要以大企业为核心的产业组织模式，进一步创造大量就业机会和产业生态活力。

最后，着力建设战略性新兴产业基地。实现战略性新兴产业分布结构和用地布局的合理控制，按照"政策叠加、区域集中、产业集聚、土地节约"的原则，引导战略性新兴项目在工业集中区与开发区的落地建设，规划和建设一批战略性新兴产业集聚区，它们必须在国内是一流的，并且在国际上有较大的影响力，以较少土地资源消耗支撑更大规模的产业发展，充分发挥各开发区建设的重要平台支撑作用和战略性新兴产业集聚规模效应，为战略性新兴产业的发展和环境技术效率的提升提供资源保障。

因此，通过以上各项策略和措施的实施，将加快战略性新兴产业的集群发展，并加速集群内部技术、知识等的传播与共享，有利于提高技术创新的外部效应。战略性新兴产业所涉及的技术越来越多地属于交叉学科技术，加快战略性新兴产业的集群发展有利于不同学科技术之间的交流与融合，是提高技术创新效率的途径；此外，加快战略性新兴产业集群的发展，有利于社会各种中介机构和基础设施为战略性新兴产业的发展提供各种基础性和专业性的服务，以促进战略性新兴产业的全面发展。

（4）加强"官—产—学—研"一体化战略中的政府支持作用。目前，我国战略性新兴产业环境技术效率普遍偏低，核心技术以及高端设备主要来源于进口，产品中高技术含量的产品主要由外国供给，企业核心技术掌握不足，自主创新能力不高，在一定程度上与投入的资源没有得到合理配置及利用相关。为此，应该构建包括创新企业、高校、科研机构、政府等创新主体的"官—产—学—研"一体化的创新系统，在政府政策扶持下，进行协同创新，提高产业技术创新的效率，加快创新成果的转化。

首先，创建"官—产—学—研"创新平台。战略性新兴产业应该以多种方式与相关配套企业、竞争企业、合作企业、高校、科研机构以及中介机构进行协同创新。加快建设相关的重点研究实验所、工程研究中心、科技试验基地、技术中心等与企业创新有关的平台。创新平台一般由政府牵头搭建，是一个聚集创新要素、促进知识流动、强化信息沟通、整合创新资源的体系，是技术创新和产业化的"配置器"。加强公共技术平台和服务平台建设，使国际和省级重点实验室、公共技术研发平台、检验检测平台和资本服务平台等充分发挥作用。加强对技术市场、生产力促进中心、科技企业孵化器、留学生创业园等科技中介服务机构的建设，使其更好地为企业提供分析测试、研发服务和信息咨询。此外，还要统筹战略性新兴产业技术研发资源，实施多方参与、开放共享的建设模式，促进资源整合和共享。企业、高校、科研机构之间通过合资、技术联盟、联合研发等多元化创新模式主导产业的技术创新，并应该强化系统学习功能，促进互动集体学习和合作机制的形成。

其次，根据战略性新兴产业所处的阶段不同选择不同的合作方式。在技术产生阶段，高校和科研机构应该以基础研究为主，从基础研究延伸到应用研究，通过会议、培训、学习等交流方式，从企业方面了解市场需求，使科研项目与市场需求相结合，解决实际问题。通过与企业方共同申请联合技术攻关项目、共建企业技术中心的研究平台，注重开发共性关键技术，设立与战略性新兴产业相关的专业学科，为产业发展奠定基础。在技术发展阶段，政府应积极推动和保障战略性新兴产业"产—学—研"组织的知识发展和转移，营造良好的创新环境，加大基础研究投入，对核心和关键技术进行研究，设立专项资金带动"产—学—研"联盟，推动组织在平台上共同努力攻克关键核心技术和共性技术，提升技术创新和转化效率。加强人力资本、隐性知识和知识产权等科技资源的积累与创新，以市场为导向，主动探索促进组织运行的激励机制和利益分配机制。在技术转化和商业化阶段，战略性新兴产业"官—产—学—研"组织应积极将组织各方以及中介机构融合在一起，形成优势互补、相互促进的网络。在攻克核心和重点技术的基础上，促进技术的转化和产业化，将科研成果与市场需求相结合，从组织中积极获取产品的市场反馈，持续修正科研成果，不断完善产品。

最后，加强政府的辅助创新作用。在"官—产—学—研"的组织中，政府可以为合作组织创造创新环境，参与到创新活动中。通过政府的参与不仅能解决资金不足、信息不对称等问题，还能促进创新成果的转化，将创新成果推广到企业生产中去，促进技术的扩散。政府可以为"官—产—学—研"组织创造更多的互动机会；对于与战略性新兴产业相关的企业与高校、科研机构的重大合作项目给予资金的资助；及时公布产业发展以及市场行情相关数据，有利于企业制定创新战略。

通过"官—产—学—研"的组织创新、组织整合、技术创新等方式，加快技术的创新和科研成果的产业化，提升战略性新兴产业整体素质、市场竞争能力以及技术创新能力，从而提高环境技术效率。

（5）深化开放合作，促进知识技术共享。第5章的研究表明，对外开放有利于知识、高新技术以及先进管理方法的引进，产生知识和技术溢出效应，从而有利于提高我国战略性新兴产业的环境技术效率。因此应该加大对外开放程度，利用外国高新技术和先进的管理手段，提高资源的利用率，实现产业结构的优化，使得我国的战略性新兴产业的技术创新能力和环境技术效率得以提高。

首先，推进国际科技合作与交流。加大对外开放程度，加强国家之间的科技交流与合作，加强企业、高校以及科研机构的国际交流和合作，大力吸取国外先进的知识、技术和管理经验。设立具有吸引力的外商引进制度，吸引国外优秀的研究机构在国内设置研发机构，吸引高校在国内设立分校，增加人才和技术引进的机会。支持企业和科研机构在境外设立分支机构，加强分支机构与当地优秀的科研机构和高校的交流和合作，促进知识、技术的获取和本地化。鼓励高校学生出国学习，将国外丰富的知识、先进的技术和研究成果带回国内发展。鼓励境内企业与外商合资办企业，将国外优秀的管理理念和技术成果应用到现实生产中去。鼓励外资企业在境内设立合作基地和产业园区，通过内外资企业之间的合作带动内资企业的发展。

其次，加强区域间交流与合作。战略性新兴产业环境技术效率表现出较大的区域差异，加强区域之间的交流与合作有利于促进知识、技术以及资源的流动，减少区域差异，促进各地区战略性新兴产业共同发展。加强东西部地区的合作，促进南北地区的沟通，加强内陆与沿海地区的联系，发挥各地区的地理优势，促进区域交流和合作，形成区域互补。

最后，支持产业跨国经营。增加出口力度，将战略性新兴产业产品生产到国外去，鼓励战略性新兴产业企业跨国跨地区经营，支持战略性新兴产业到境外寻求战略资源，促进产业的国际化发展。

总之，深化开放合作，有利于知识、技术和管理经验的吸收和共享，能够促进产业技术创新能力的提升，促进战略性新兴产业发展，并且提升环境技术效率。

（6）严格执行环境管制政策，促进战略性新兴产业与环境协调发展。第4章的实证结果表明，环境约束对战略性新兴产业环境技术效率的影响是负向的，二氧化碳的排放量越大，环境质量越恶劣，对环境技术效率的负面影响也越大，因此，增强环境管制力度有利于环境技术效率的提升。

首先，严格执行环境管制政策，减少污染物的排放。在企业内部切实贯彻环境管制理念，尤其是对生产部门，要加强环保知识的宣传和培训，在生产过程中应该对各项环境指标进行约束和控制。严格按照环保要求进行生产，在购买生产设备和建造厂房时应该安装节能环保一体化设备，达到高效的除尘、消声的作用。生产过程中提高生产技术，提高各项资源的利用率，减少生产废物、废气、烟尘、粉尘、废水的排放。所生产的产品要符合环保节能低碳要求，使生产的产品符合质检的要求，产品在使用的过程中不产生有害物质，危害人身和生态安全，产品报废后可以回收或者部分再利用。

其次，创新环保技术，促进节能环保产业的发展，实现高效节能技术装备及产品的重点开发和推广，提高企业生产能效，达到节约能源的目的。积极推广先进环保技术装备及产品，提高污染防治水平，对于排放的"工业三废"进行处理，减少排放物中污染物的含量，降低污染物对环境的影响。加快建立废旧商品的回收和利用体系，提高资源的循环利用率，回收可利用的材料，对回收的材料循环利用，提高战略性新兴产业的资源利用率，从而提高环境技术效率。

最后，加强各产业的合作，提高环境质量。加快发展节能环保产业，促进节能环保产业与其他产业之间的交流，将先进的环保技术应用于其他产业生产的各个环节，提高其他产业的资源利用率和废品回收率。增强产业之间的合作，提高产业之间环保意识的渗透，开展环境保护相关的主题活动，交流环保经验，提高环保技术，共同提高环境质量，提高环境技术效率。

因此，战略性新兴产业在生产过程中，应该严格贯彻环境管制政策，实施各项环境指标的约束和控制，切实促进战略性新兴产业与环境协调发展，提高环境技术效率。

附　录

表1　战略性新兴产业各产业固定资产投资额

单位：亿元

产业 ＼ 年份	2003	2004	2005	2006	2007	2008	2009	2010	2011	2012
节能环保	451	535	626	684	759	965	1306	1746	2382	2620
新一代信息技术	782	1034	1231	1710	2117	2484	2621	3910	5286	5814
生物医药	501	594	696	760	843	1072	1452	1940	2647	2911
高端装备制造	56	53	64	41	63	80	180	267	264	290
新能源	430	569	677	941	1164	1366	1442	2150	2907	3198
新材料	67	63	77	50	75	97	216	321	316	348
新能源汽车	182	175	211	135	205	264	594	881	871	958

资料来源：历年统计年鉴。

表2　战略性新兴产业各产业从业人数

单位：万人

产业 ＼ 年份	2003	2004	2005	2006	2007	2008	2009	2010	2011	2012
节能环保	103.7	102.8	111.0	117.1	123.5	135.6	144.3	155.7	160.6	176.7
新一代信息技术	282.2	386.9	447.8	514.9	598.4	688.2	673.3	777.2	830.2	913.2
生物医药	115.2	114.3	123.3	130.1	137.2	150.6	160.4	173.0	178.5	196.4
高端装备制造	35.1	29.0	32.1	32.2	32.4	32.6	34.5	34.8	37.1	40.8
新能源	155.2	212.8	246.3	283.2	329.1	378.5	370.3	427.5	456.6	44.9
新材料	42.1	34.8	38.5	38.6	38.9	39.1	41.4	41.8	44.5	49.0
新能源汽车	115.5	95.7	105.6	105.6	105.6	108.9	115.5	115.5	122.1	134.3

资料来源：历年统计年鉴。

表3 战略性新兴产业各产业 R&D 经费内部支出

单位：亿元

产业＼年份	2003	2004	2005	2006	2007	2008	2009	2010	2011	2012
节能环保	24.9	25.4	36.0	47.3	59.3	71.2	120.9	110.3	190.1	209.1
新一代信息技术	164.3	228.2	278.2	350.1	406.9	484.3	606.2	690.3	947.5	1042.3
生物医药	27.7	28.2	40.0	52.6	65.9	79.1	134.3	122.6	211.2	232.3
高端装备制造	22.9	26.6	28.5	34.0	43.5	52.6	67.3	93.7	150.5	165.6
新能源	90.4	125.5	153.0	192.6	223.8	266.3	333.4	379.6	521.1	182.1
新材料	27.5	31.9	34.2	40.8	52.2	63.1	80.7	112.4	180.6	198.7
新能源汽车	75.9	89.1	92.4	112.2	145.2	174.9	221.1	310.2	495.0	544.5

资料来源：历年统计年鉴。

表4 战略性新兴产业各产业总产值

单位：亿元

产业＼年份	2003	2004	2005	2006	2007	2008	2009	2010	2011	2012
节能环保	2598	2913	3822	4512	5721	7082	8494	10562	13442	14786
新一代信息技术	16204	22698	27535	33729	39948	44646	30300	55700	64695	71165
生物医药	2887	3237	4246	5014	6356	7869	9437	11735	14936	16430
高端装备制造	654	584	910	1015	1169	1435	1583	1854	1819	2001
新能源	8912	12484	15144	18551	21971	24555	16665	30635	35582	39140
新材料	785	701	1092	1218	1403	1722	1900	2225	2183	2401
新能源汽车	2158	1927	3003	3350	3858	4736	5224	6118	6003	6603

资料来源：历年统计年鉴。

表5　战略性新兴产业各产业拥有发明专利数

单位：项

产业＼年份	2003	2004	2005	2006	2007	2008	2009	2010	2011	2012
节能环保	413	812	1021	1769	2234	2853	5406	5105	9404	14786
新一代信息技术	2402	3242	4915	5363	8214	18923	29650	41337	62037	71165
生物医药	459	902	1134	1965	2482	3170	6007	5672	10449	16430
高端装备制造	181	153	240	316	339	444	711	752	1513	2001
新能源	1321	1783	2703	2950	4518	10408	16308	22735	34120	39140
新材料	217	184	288	379	407	533	853	902	1816	2401
新能源汽车	597	505	792	1043	1119	1465	2346	2482	4993	6603

资料来源：历年统计年鉴。

表6　战略性新兴产业各产业烟尘排放量

单位：吨

产业＼年份	2003	2004	2005	2006	2007	2008	2009	2010	2011	2012
节能环保	63771	64495	69621	72171	73829	74627	75999	74749	79955	87951
新一代信息技术	7858	7498	9627	9278	9899	10463	11271	12142	12571	13828
生物医药	70857	71661	77357	80189	82033	82919	84444	83054	88839	97723
高端装备制造	3064	2053	3449	3387	3247	3115	3698	3728	3575	3933
新能源	4322	4124	5295	5103	5444	5755	6199	6678	6914	7605
新材料	3677	2464	4139	4064	3897	3738	4438	4474	4290	4719
新能源汽车	10111	6775	11382	11177	10715	10280	12203	12302	11798	12978

资料来源：历年统计年鉴。

表7 战略性新兴产业各产业废水排放量

单位：万吨

产业 \ 年份	2003	2004	2005	2006	2007	2008	2009	2010	2011	2012
节能环保	32093	33240	36260	35800	41177	44769	46772	49088	52181	57399
新一代信息技术	11737	13033	15011	18424	20009	22988	26179	27516	30307	33338
生物医药	35659	36933	40288	39778	45752	49743	51969	54542	57979	63777
高端装备制造	2817	2364	3648	4260	4452	4724	5065	5289	4949	5444
新能源	6455	7168	8256	10133	11005	12643	14398	15134	16669	18336
新材料	3380	2837	4377	5112	5342	5668	6078	6347	5939	6533
新能源汽车	9296	7801	12038	14058	14692	15589	16715	17454	16332	17965

资料来源：历年统计年鉴。

表8 战略性新兴产业各产业COD排放量

单位：吨

产业 \ 年份	2003	2004	2005	2006	2007	2008	2009	2010	2011	2012
节能环保	44930	46536	50764	50120	57648	62677	65481	68723	73053	80359
新一代信息技术	16432	18246	21015	25794	28013	32183	36651	38522	42430	46673
生物医药	49923	51706	56403	55689	64053	69640	72757	76359	81171	89288
高端装备制造	3944	3310	5107	5964	6233	6614	7091	7405	6929	7622
新能源	9037	10035	11558	14186	15407	17700	20157	21188	23337	25670
新材料	4732	3972	6128	7157	7479	7935	8509	8886	8315	9146
新能源汽车	13014	10921	16853	19681	20569	21825	23401	24436	22865	25151

资料来源：历年统计年鉴。

表 9 战略性新兴产业各产业 SO$_2$ 排放量

单位：万吨

产业 \ 年份	2003	2004	2005	2006	2007	2008	2009	2010	2011	2012
节能环保	536	545	606	704	764	837	861	980	1080	1188
新一代信息技术	1117	1288	1427	1632	1747	1759	1723	1861	1926	2118
生物医药	595	605	673	782	849	930	957	1089	1201	1321
高端装备制造	60	64	120	222	215	258	188	176	209	229
新能源	615	709	785	898	961	967	948	1024	1060	1165
新材料	72	77	144	266	259	309	226	211	250	276
新能源汽车	198	210	397	731	710	852	620	581	688	757

资料来源：历年统计年鉴。

表 10 战略性新兴产业各产业 CO$_2$ 排放量

单位：万吨

产业 \ 年份	2003	2004	2005	2006	2007	2008	2009	2010	2011	2012
节能环保	824	838	932	1083	1175	1287	1325	1508	1662	1828
新一代信息技术	1719	1981	2196	2511	2687	2706	2651	2863	2963	3259
生物医药	915	931	1036	1203	1306	1430	1472	1676	1847	2032
高端装备制造	92	98	185	341	331	397	289	271	321	353
新能源	946	1090	1208	1381	1478	1488	1458	1575	1630	1793
新材料	111	118	222	409	398	476	347	325	385	424
新能源汽车	304	323	611	1125	1092	1310	954	894	1059	1165

资料来源：历年统计年鉴。

表11　战略性新兴产业各省（市、自治区）固定资产投资额

单位：亿元

省 （市、自治区）	2003	2004	2005	2006	2007	2008	2009	2010	2011	2012
北京	39	172	130	92	57	78	65	233	437	529
天津	72	107	93	91	99	269	362	451	661	800
河北	62	72	108	125	152	161	270	359	514	621
山西	24	59	52	63	91	93	92	93	157	190
内蒙古	29	63	60	25	54	66	142	98	220	266
辽宁	82	91	121	155	218	361	548	680	549	664
吉林	65	101	98	140	171	247	343	414	518	627
黑龙江	174	72	143	86	124	59	182	245	271	328
上海	229	322	195	233	264	226	174	530	520	629
江苏	396	406	593	857	1100	1249	1163	1708	2688	3253
浙江	107	120	152	180	207	230	201	229	445	539
安徽	47	44	54	75	106	170	272	614	744	900
福建	74	68	78	106	152	156	139	243	330	399
江西	49	101	122	188	235	313	511	797	630	762
山东	167	206	308	409	397	550	701	755	992	1201
河南	43	73	92	150	207	256	343	512	840	1017
湖北	85	69	88	111	188	250	336	435	577	699
湖南	42	88	81	93	103	152	281	400	499	604
广东	352	364	489	645	644	666	510	817	1100	1331
广西	31	36	101	48	58	70	105	152	232	281
海南	11	9	16	6	5	5	9	14	26	31
重庆	14	23	46	54	94	80	115	301	350	424
四川	96	121	161	188	260	361	580	660	788	954
贵州	51	63	37	34	39	49	61	59	170	206
云南	19	16	24	19	9	24	45	54	61	74
陕西	77	112	110	111	145	139	215	296	233	282
甘肃	15	9	12	14	17	22	25	44	58	71
青海	4	10	5	4	6	6	7	10	15	18
宁夏	13	13	6	13	18	14	8	9	12	15
新疆	4	9	10	8	8	5	6	8	34	41

资料来源：历年统计年鉴。

表 12　战略性新兴产业各省（市、自治区）从业人数

单位：万人

省（市、自治区） \ 年份	2003	2004	2005	2006	2007	2008	2009	2010	2011	2012
北京	29.2	31.0	34.5	37.4	40.3	41.0	38.7	40.8	43.6	52.7
天津	23.3	26.8	27.3	29.2	30.7	29.8	33.8	40.8	43.2	52.3
河北	20.1	18.7	20.0	20.1	21.2	23.0	25.0	20.2	30.6	37.0
山西	8.1	8.2	7.2	10.4	14.6	15.1	15.1	19.3	19.4	23.4
内蒙古	3.2	3.4	4.1	4.4	4.0	4.2	4.5	5.3	6.0	7.2
辽宁	32.3	32.5	34.8	35.4	39.0	40.9	41.7	43.4	41.5	50.2
吉林	12.7	12.0	11.8	12.2	13.0	16.6	20.0	18.7	23.6	28.6
黑龙江	26.7	15.1	23.6	16.5	15.6	16.8	17.1	16.3	16.6	20.1
上海	42.9	51.6	57.4	62.5	73.5	75.6	69.3	77.7	88.3	106.8
江苏	89.0	121.7	147.6	181.7	220.6	291.6	278.5	326.3	332.1	401.8
浙江	40.0	48.6	55.9	66.5	75.5	71.9	70.7	81.8	75.8	91.7
安徽	10.3	10.9	11.4	12.4	15.3	17.8	18.2	23.5	24.0	29.1
福建	26.4	31.0	35.6	41.9	44.7	44.8	42.2	49.8	51.7	62.6
江西	22.3	18.4	22.5	24.4	25.8	30.6	32.8	37.9	41.5	50.2
山东	36.4	44.4	53.4	58.3	67.9	75.1	79.4	83.3	84.9	102.7
河南	21.3	23.0	25.2	27.6	30.2	32.5	34.7	42.2	60.9	73.7
湖北	23.6	18.6	23.3	24.5	26.1	33.2	34.5	38.5	39.1	47.4
湖南	15.2	11.4	13.1	12.8	14.3	19.4	21.7	25.3	34.5	41.8
广东	201.7	290.2	330.8	373.4	417.9	475.3	470.8	534.5	544.5	658.8
广西	7.7	7.4	8.1	8.0	9.3	11.2	13.1	17.5	16.8	20.3
海南	1.2	1.2	1.3	1.7	1.9	1.9	2.2	2.3	2.4	2.9
重庆	5.4	5.1	5.6	5.9	6.8	8.3	10.3	10.9	15.7	19.0
四川	44.9	41.1	45.7	45.9	51.9	55.2	55.1	64.0	81.3	98.4
贵州	25.1	23.2	23.0	23.0	22.8	20.7	24.0	23.3	21.8	26.4
云南	3.2	3.2	3.8	3.8	4.3	4.5	4.2	4.7	5.7	6.9
陕西	64.6	58.8	61.7	61.3	60.3	61.1	62.0	62.1	66.5	80.4
甘肃	7.4	7.2	5.6	6.2	5.9	5.9	5.6	6.0	5.5	6.7
青海	2.0	4.0	4.9	5.5	3.0	3.2	5.4	1.5	4.2	5.1
宁夏	2.0	5.0	3.2	3.4	5.3	2.9	4.9	4.5	2.8	3.4
新疆	1.2	2.8	2.5	6.0	4.9	2.5	3.1	2.7	5.4	6.5

资料来源：历年统计年鉴。

表 13　战略性新兴产业各省（市、自治区）R&D 经费内部支出

单位：亿元

省（市、自治区）＼年份	2003	2004	2005	2006	2007	2008	2009	2010	2011	2012
北京	37.7	47.3	38.7	61.9	56.4	62.0	108.9	65.8	152.7	184.7
天津	12.6	13.6	17.0	22.5	25.9	36.9	29.8	36.1	49.6	60.0
河北	6.6	6.2	7.6	6.5	8.3	9.0	14.5	18.4	20.3	24.5
山西	0.5	0.4	0.4	0.4	0.3	0.6	2.6	2.8	4.9	5.9
内蒙古	0.1	0.2	0.5	0.5	0.7	1.0	1.2	1.1	1.7	2.0
辽宁	10.0	32.1	24.1	28.4	48.1	80.1	71.2	122.2	251.9	304.8
吉林	2.3	2.5	2.6	3.9	2.8	3.4	6.6	4.0	11.4	13.8
黑龙江	30.0	7.8	26.5	18.2	25.2	29.6	54.3	69.5	72.9	88.2
上海	29.4	46.1	53.5	69.9	81.6	83.5	101.0	110.7	147.6	178.7
江苏	23.7	37.7	58.5	76.9	106.9	139.3	179.0	195.3	283.5	343.0
浙江	14.6	36.4	46.7	54.7	55.7	62.5	86.4	74.0	116.2	140.6
安徽	10.2	1.5	7.1	2.6	5.1	7.8	8.2	25.0	35.8	43.4
福建	10.5	12.5	22.1	22.4	26.1	26.4	48.4	57.4	79.2	95.9
江西	2.5	13.8	16.2	20.0	18.7	20.9	30.4	39.4	55.7	67.3
山东	19.8	27.2	42.4	46.9	67.7	82.3	91.2	98.8	157.8	190.9
河南	3.9	8.5	6.1	6.8	12.5	13.2	25.8	22.3	23.5	28.4
湖北	9.3	13.1	14.9	17.8	23.3	22.6	40.7	37.2	87.0	105.2
湖南	7.2	10.3	7.3	2.1	6.3	7.8	19.9	24.3	39.8	48.2
广东	115.6	143.7	184.9	242.2	278.5	346.9	445.5	554.2	727.6	880.4
广西	1.1	1.0	2.1	2.2	2.5	2.2	4.0	3.0	11.1	13.4
海南	0.6	0.2	0.3	0.4	0.6	0.7	2.9	2.2	3.4	4.1
重庆	1.5	1.9	2.7	2.7	3.7	5.0	7.4	7.4	9.4	11.3
四川	13.5	17.6	23.9	33.0	51.2	58.9	62.8	72.1	103.3	125.0
贵州	6.8	7.7	9.7	15.6	12.2	9.1	27.1	48.3	34.2	41.4
云南	0.4	0.7	0.7	1.1	1.4	2.0	2.8	3.5	7.3	8.9
陕西	61.0	62.2	45.0	68.1	70.8	71.8	86.6	114.2	200.0	241.9
甘肃	1.4	0.2	1.4	0.3	0.8	2.2	2.7	5.6	6.2	7.5
青海	0.2	0.2	0.2	0.3	0.4	0.4	0.7	0.6	0.7	0.8
宁夏	0.3	1.0	0.7	0.8	0.9	1.7	1.4	1.8	2.0	2.4
新疆	0.2	0.2	0.2	0.3	0.4	0.5	0.7	1.0	1.0	1.2

资料来源：历年统计年鉴。

表 14 战略性新兴产业各省（市、自治区）总产值

单位：亿元

省（市、自治区） \ 年份	2003	2004	2005	2006	2007	2008	2009	2010	2011	2012
北京	1846	2374	3267	4079	4892	4593	3823	4678	4578	5539
天津	1582	2357	2787	3508	3444	3028	3355	4040	5048	6108
河北	452	436	526	584	745	955	1042	1395	1606	1943
山西	99	111	119	173	243	304	312	398	501	606
内蒙古	108	140	195	238	294	328	411	420	599	724
辽宁	1030	1236	1362	1448	1952	2291	2650	3310	3507	4244
吉林	256	273	338	419	569	755	943	1263	1807	2186
黑龙江	941	400	1118	579	677	781	906	901	996	1205
上海	3425	4917	5920	6738	8501	8912	3472	10441	10680	12923
江苏	4845	7640	9349	11409	14483	17623	11850	23335	27831	33675
浙江	1510	1991	2430	3390	3928	3839	2875	4554	5039	6097
安徽	209	250	297	369	466	608	730	1038	1760	2130
福建	1566	2024	2308	2649	2898	3300	1942	4059	4856	5876
江西	294	347	511	728	969	1203	1532	1942	2686	3250
山东	1386	1858	2733	3543	4726	6074	5242	7936	9527	11528
河南	375	433	600	822	1130	1422	1690	2121	3398	4112
湖北	551	486	783	984	1193	1477	1430	2263	2977	3602
湖南	298	315	385	457	576	827	1020	1371	2255	2728
广东	10173	13484	16291	19781	22315	25656	18545	32244	36112	43695
广西	122	145	192	230	287	394	386	684	993	1202
海南	53	58	68	71	75	91	104	159	171	207
重庆	123	161	185	208	282	386	477	698	1686	2040
四川	911	1004	1373	1699	2291	2856	3538	4131	5650	6837
贵州	328	347	424	494	589	634	1026	914	987	1195
云南	341	245	315	537	321	670	645	750	567	686
陕西	963	1105	1322	1462	1743	1986	2540	2544	1186	1435
甘肃	78	71	87	107	111	126	147	161	425	515
青海	252	248	339	473	445	606	656	690	551	666
宁夏	25	42	58	70	93	123	130	139	164	198
新疆	56	46	69	143	184	192	184	253	517	626

资料来源：历年统计年鉴。

表 15 战略性新兴产业各省（市、自治区）拥有发明专利数

单位：项

省 （市、自治区）	2003	2004	2005	2006	2007	2008	2009	2010	2011	2012
北京	216	704	636	621	3706	4178	3671	3137	6244	7556
天津	539	597	203	226	954	1476	1372	1548	3086	3734
河北	24	93	83	123	221	246	772	564	916	1109
山西	50	125	152	424	202	72	150	150	255	308
内蒙古	22	41	76	14	21	52	65	37	71	86
辽宁	116	153	378	527	384	370	1193	581	2139	2588
吉林	47	87	71	283	756	225	495	207	766	927
黑龙江	115	138	215	285	313	364	672	649	1265	1530
上海	507	413	428	925	695	1036	4306	3871	1410	1706
江苏	367	334	759	895	907	2476	3858	5004	2145	2595
浙江	116	410	261	588	415	1341	3496	2963	5716	6917
安徽	37	48	57	62	154	252	734	648	7051	8532
福建	101	361	519	533	283	288	752	856	4422	5351
江西	37	50	104	158	221	269	498	484	1302	1576
山东	174	313	457	474	1381	1227	2599	2102	3629	4392
河南	127	88	120	153	173	369	475	603	857	1037
湖北	103	213	237	426	526	602	1870	1971	2038	2466
湖南	92	116	130	358	404	372	668	6956	611	739
广东	2040	2163	4960	4758	4994	19363	28718	41641	2294	2776
广西	42	57	54	70	360	230	422	408	2801	3389
海南	23	58	68	105	58	136	142	163	523	633
重庆	34	44	55	125	148	157	458	419	65630	79412
四川	126	353	234	568	789	942	711	887	1205	1458
贵州	199	270	277	368	537	711	1057	953	977	1182
云南	97	111	74	184	125	331	279	430	542	655
陕西	221	135	294	309	285	571	1575	1513	2322	2809
甘肃	7	39	17	109	218	53	78	80	3908	4729
青海	2	20	77	76	16	44	56	69	118	143
宁夏	8	21	60	23	50	37	73	38	42	51
新疆	3	27	38	17	19	5	70	53	47	57

资料来源：历年统计年鉴。

表16 战略性新兴产业各省（市、自治区）烟尘排放量

单位：吨

年份 省 （市、自治区）	2003	2004	2005	2006	2007	2008	2009	2010	2011	2012
北京	9087	9666	9300	8857	7818	7665	7092	4387	4912	5943
天津	8805	9248	9436	9061	7564	7199	6717	4160	4751	5749
河北	9502	8906	9469	9318	9769	9605	9718	9982	9929	12014
山西	5117	5329	5523	5584	5801	6005	6248	6608	6869	8312
内蒙古	1914	1943	7360	11683	12096	7544	5514	8628	9284	11234
辽宁	6979	7402	7698	8063	9033	9175	9169	9411	9634	11657
吉林	6766	7010	7127	7319	7489	7476	7918	8294	8881	10746
黑龙江	8563	8069	8918	7391	7828	6609	6762	4900	5893	7130
上海	11051	11773	11397	10771	9771	9922	9352	6945	7509	9086
江苏	7204	7751	8058	8807	9056	9147	9377	9652	10209	12352
浙江	7158	7457	7668	7872	8194	8585	8816	9148	9587	11600
安徽	9607	9610	13686	14959	16535	17331	17513	17059	15768	19079
福建	783	807	847	943	986	1162	626	1232	1291	1562
江西	5129	4010	11357	5206	6676	5050	5960	6204	8556	10353
山东	3770	1378	1940	2295	1385	2122	1762	3074	3074	3719
河南	9168	9502	9764	10136	10465	11209	11548	11985	12387	14989
湖北	7116	6124	7413	7553	7723	9323	9430	9672	10123	12248
湖南	861	1001	1186	1368	1663	2054	2291	2652	2915	3527
广东	5466	5844	6069	6352	6865	7433	8194	8634	9157	11080
广西	3707	3709	2454	2385	3078	2264	2297	2318	1747	2114
海南	991	849	971	968	1136	1173	1228	1275	1373	1661
重庆	2138	1644	517	1050	2204	1836	3169	3207	2865	3467
四川	6134	6688	6869	7300	7705	7989	8151	8568	9550	11555
贵州	3289	3489	3985	4744	5537	5768	4718	6937	6874	8318
云南	6333	3854	4636	6414	4057	6440	11979	8912	6024	7289
陕西	5314	4986	5718	5841	6102	6352	6272	6537	5861	7092
甘肃	2240	2394	2472	2519	2589	2936	3072	3244	5970	7224
青海	4780	3772	4069	4464	4367	4841	4967	4412	4800	5808
宁夏	2790	3284	3115	3665	2862	3557	5144	5435	6413	7759
新疆	1901	1570	1851	2482	2713	3125	3250	3657	5735	6940

资料来源：历年统计年鉴。

表 17 战略性新兴产业各省（市、自治区）废水排放量

单位：万吨

省 （市、自治区）	2003	2004	2005	2006	2007	2008	2009	2010	2011	2012
北京	3095	3041	3013	2973	3097	3076	3191	3186	3451	4176
天津	1998	1931	1961	1871	1870	1736	1808	1682	1923	2327
河北	3965	4089	4423	4644	4991	5240	5461	6019	6202	7504
山西	1523	1586	1659	1676	1771	1844	1880	2011	2089	2527
内蒙古	1007	1101	1167	1123	963	1893	2741	3792	3934	4760
辽宁	2801	3264	3508	3677	3955	3969	4450	5018	5447	6591
吉林	2946	3149	3356	3535	3733	4000	4155	4538	5111	6184
黑龙江	3140	1948	3509	972	1149	1631	1485	1772	2388	2890
上海	4112	4033	4024	4088	4228	4414	4489	4488	5125	6202
江苏	5307	6314	8466	13238	13577	17017	19099	19546	20572	24892
浙江	4554	5207	5678	6065	6559	7318	7775	8045	8823	10676
安徽	3580	3820	4534	4885	5573	6062	6096	6203	5905	7146
福建	2504	2655	2774	3027	3213	3263	3734	3916	4132	4999
江西	1889	2073	2294	1359	2372	3457	5492	4648	8775	10618
山东	4728	5430	5466	5703	10348	9759	10719	12342	12330	14920
河南	11490	11146	13201	16090	17086	17286	18339	19545	14951	18091
湖北	3205	2842	3516	3575	3779	4082	4547	5188	5745	6952
湖南	1959	2063	2708	2918	3342	3827	4132	4510	4876	5900
广东	5945	6276	6448	6701	7206	7596	8275	8962	9799	11857
广西	1335	1642	2943	1292	2105	2700	3488	3596	4137	5006
海南	1075	1104	1176	1195	1236	1247	1313	1358	1453	1758
重庆	5989	5038	7022	4883	6363	7495	4632	3291	1613	1951
四川	3734	4361	4685	5003	5170	5435	5718	6058	6642	8037
贵州	3525	3785	4494	5809	8230	8153	5373	9612	9112	11025
云南	3855	2684	3211	4391	3063	4540	7547	5741	4245	5136
陕西	2813	2740	3179	3422	3667	3883	3859	4431	4035	4882
甘肃	1420	1551	1638	1680	1770	1841	1828	1861	3634	4397
青海	3710	3631	4320	4882	4308	4805	6432	5219	5892	7129
宁夏	2827	3883	4093	4416	5249	5592	6237	5533	6383	7724
新疆	1405	992	1412	2475	2457	2960	2878	3260	5631	6814

资料来源：历年统计年鉴。

表18　战略性新兴产业各省（市、自治区）COD排放量

单位：吨

年份 省 （市、自治区）	2003	2004	2005	2006	2007	2008	2009	2010	2011	2012
北京	4333	4257	4218	4162	4336	4306	4467	4460	4831	5846
天津	2797	2703	2745	2619	2618	2430	2531	2355	2692	3258
河北	5551	5725	6192	6502	6987	7336	7645	8427	8683	10506
山西	2132	2220	2323	2346	2479	2582	2632	2815	2925	3538
内蒙古	1410	1541	1634	1572	1348	2650	3837	5309	5508	6664
辽宁	3921	4570	4911	5148	5537	5557	6230	7025	7626	9227
吉林	4124	4409	4698	4949	5226	5600	5817	6353	7155	8658
黑龙江	4396	2727	4913	1361	1609	2283	2079	2481	3343	4046
上海	5757	5646	5634	5723	5919	6180	6285	6283	7175	8683
江苏	7430	8840	11852	18533	19008	23824	26739	27364	28801	34849
浙江	6376	7290	7949	8491	9183	10245	10885	11263	12352	14946
安徽	5012	5348	6348	6839	7802	8487	8534	8684	8267	10004
福建	3506	3717	3884	4238	4498	4568	5228	5482	5785	6999
江西	2645	2902	3212	1903	3321	4840	7689	6507	12285	14865
山东	6619	7602	7652	7984	14487	13663	15007	17279	17262	20888
河南	16086	15604	18481	22526	23920	24200	25675	27363	20931	25327
湖北	4487	3979	4922	5005	5291	5715	6366	7263	8043	9733
湖南	2743	2888	3791	4085	4679	5358	5785	6314	6826	8260
广东	8323	8786	9027	9381	10088	10634	11585	12547	13719	16600
广西	1869	2299	4120	1809	2947	3780	4883	5034	5792	7008
海南	1505	1546	1646	1673	1730	1746	1838	1901	2034	2461
重庆	8385	7053	9831	6836	8908	10493	6485	4607	2258	2731
四川	5228	6105	6559	7004	7238	7609	8005	8481	9299	11252
贵州	4935	5299	6292	8133	11522	11414	7522	13457	12757	15435
云南	5397	3758	4495	6147	4288	6356	10566	8037	5943	7190
陕西	3938	3836	4451	4791	5134	5436	5403	6203	5649	6835
甘肃	1988	2171	2293	2352	2478	2577	2559	2605	5088	6156
青海	5194	5083	6048	6835	6031	6727	9005	7307	8249	9981
宁夏	3958	5436	5730	6182	7349	7829	8732	7746	8936	10814
新疆	1967	1389	1977	3465	3440	4144	4029	4564	7883	9540

资料来源：历年统计年鉴。

表19　战略性新兴产业各省（市、自治区）SO₂排放量

单位：万吨

省 （市、自治区）	2003	2004	2005	2006	2007	2008	2009	2010	2011	2012
北京	73	78	83	92	96	98	92	97	120	145
天津	20	21	23	23	23	26	27	29	33	40
河北	51	52	57	58	60	61	63	73	74	90
山西	43	25	43	75	70	83	75	62	74	89
内蒙古	49	50	53	79	66	111	125	153	180	218
辽宁	78	83	86	90	93	97	101	94	103	124
吉林	43	49	53	59	62	66	75	86	94	114
黑龙江	70	62	73	77	96	94	92	102	92	111
上海	899	915	949	976	996	1014	1064	1073	1125	1361
江苏	170	181	195	213	226	228	239	255	279	337
浙江	138	146	139	157	168	175	186	195	210	254
安徽	21	23	25	23	25	28	34	30	30	36
福建	34	38	42	44	51	59	57	66	36	43
江西	46	41	44	45	46	57	54	100	56	68
山东	242	248	255	283	339	359	289	397	586	709
河南	129	134	146	184	209	255	256	310	339	411
湖北	68	60	99	90	101	111	105	110	114	137
湖南	32	30	40	47	64	64	68	72	70	85
广东	490	703	879	1145	1274	1248	1214	1400	1362	1648
广西	24	27	29	29	34	31	30	37	46	55
海南	3	3	3	3	3	3	3	5	3	5
重庆	18	24	22	25	27	26	24	34	29	35
四川	72	88	99	109	105	109	107	111	107	129
贵州	31	31	33	27	29	33	25	32	43	52
云南	29	30	20	32	20	33	59	40	27	33
陕西	64	55	65	82	88	97	96	64	41	49
甘肃	23	25	27	28	29	32	32	35	66	81
青海	107	96	246	224	369	516	285	261	275	333
宁夏	85	114	153	500	411	411	298	241	195	236
新疆	43	64	154	413	327	387	349	357	606	733

资料来源：历年统计年鉴。

表20　战略性新兴产业各省（市、自治区）CO₂排放量

单位：万吨

省（市、自治区） \ 年份	2003	2004	2005	2006	2007	2008	2009	2010	2011	2012
北京	113	120	127	142	147	150	141	149	184	223
天津	31	33	36	35	35	40	41	45	50	61
河北	79	80	87	89	92	94	97	113	114	138
山西	66	38	66	116	108	128	115	96	114	137
内蒙古	75	77	81	122	101	170	193	235	277	335
辽宁	120	128	132	138	143	149	156	145	158	191
吉林	66	75	81	91	95	101	115	133	145	175
黑龙江	107	96	112	119	147	144	141	157	141	171
上海	1383	1408	1460	1501	1532	1560	1637	1650	1730	2094
江苏	261	279	300	327	347	351	368	392	429	519
浙江	212	225	214	242	259	269	286	300	323	391
安徽	32	36	38	35	38	43	52	46	46	56
福建	53	59	64	68	79	90	87	101	55	66
江西	70	63	67	69	71	87	83	154	86	104
山东	372	382	392	435	522	552	444	610	902	1091
河南	199	206	225	283	321	392	394	477	522	632
湖北	104	92	152	139	156	171	161	169	175	211
湖南	49	46	62	72	98	99	105	111	107	130
广东	754	1082	1353	1762	1960	1920	1867	2154	2096	2536
广西	37	41	44	45	52	48	46	57	70	85
海南	5	4	5	5	5	5	5	7	5	7
重庆	28	37	34	38	42	40	37	52	45	54
四川	111	135	153	167	161	167	165	171	164	198
贵州	47	48	51	42	45	51	39	49	66	80
云南	44	46	30	49	30	50	90	62	42	51
陕西	99	85	100	126	136	149	148	99	63	76
甘肃	35	38	42	43	44	49	49	54	102	124
青海	165	148	378	345	567	794	439	402	423	512
宁夏	130	175	236	769	632	632	458	371	300	363
新疆	66	99	132	635	503	596	537	549	932	1127

资料来源：历年统计年鉴。

表 21　战略性新兴产业各省（市、自治区）科技活动中科学家和工程师人数

单位：万人

省（市、自治区） 年份	2003	2004	2005	2006	2007	2008	2009	2010	2011	2012
北京	1.398	1.697	1.994	2.015	2.245	2.265	2.567	2.397	3.012	3.313
天津	0.453	0.501	0.805	1.068	1.351	1.467	1.328	1.349	1.830	2.013
河北	0.826	0.523	0.746	0.923	1.033	1.027	0.847	0.886	1.127	1.240
山西	0.245	0.149	0.390	0.252	0.339	0.231	0.273	0.252	0.375	0.413
内蒙古	0.050	0.066	0.080	0.116	0.122	0.118	0.089	0.117	0.122	0.134
辽宁	0.936	1.578	1.543	1.527	1.854	1.667	1.641	1.448	1.477	1.624
吉林	0.262	0.276	0.307	0.440	0.459	0.651	0.440	0.381	0.644	0.708
黑龙江	0.280	0.229	0.954	1.147	0.878	1.198	1.264	1.131	1.426	1.569
上海	2.185	1.862	2.002	1.992	2.468	2.406	2.699	2.681	2.994	3.293
江苏	2.887	2.718	4.003	4.134	5.498	7.177	7.498	7.412	8.148	8.963
浙江	1.273	1.923	2.418	2.749	2.798	3.132	3.352	3.115	3.869	4.256
安徽	0.508	0.256	0.346	0.343	0.804	0.983	0.784	0.860	1.073	1.180
福建	0.935	0.914	1.225	1.326	1.776	3.088	3.242	3.172	3.875	4.263
江西	0.399	0.629	0.726	0.962	1.978	0.937	1.065	0.575	0.817	0.898
山东	1.614	1.535	1.658	1.751	2.223	2.988	3.143	3.209	4.258	4.684
河南	0.760	0.787	1.002	0.611	1.572	1.612	2.029	2.050	1.871	2.058
湖北	1.048	0.961	1.519	1.795	1.248	1.905	2.023	2.102	2.734	3.008
湖南	0.735	0.364	0.468	0.349	0.561	0.445	0.607	0.553	0.868	0.954
广东	6.404	7.955	10.146	11.661	18.259	24.558	24.806	24.961	25.491	28.040
广西	0.161	0.176	0.290	0.271	0.288	0.242	0.275	0.242	0.379	0.417
海南	0.013	0.025	0.022	0.014	0.056	0.045	0.140	0.081	0.181	0.199
重庆	0.251	0.300	0.387	0.345	0.484	0.531	0.483	0.470	0.627	0.689
四川	2.911	1.984	2.056	2.784	4.169	1.847	2.249	1.829	1.903	2.093
贵州	1.565	1.306	1.472	0.544	1.833	0.509	0.407	0.518	0.618	0.680
云南	0.056	0.063	0.053	0.069	0.127	0.182	0.182	0.250	0.273	0.301
陕西	1.327	0.715	5.249	4.795	4.936	4.932	5.602	5.357	4.730	5.203
甘肃	0.228	0.154	0.323	0.185	0.133	0.310	0.262	0.256	0.326	0.358
青海	0.020	0.030	0.050	0.043	0.059	0.046	0.062	0.054	0.074	0.081
宁夏	0.065	0.054	0.071	0.075	0.071	0.140	0.056	0.059	0.099	0.109
新疆	0.055	0.054	0.065	0.061	0.049	0.030	0.036	0.041	0.049	0.054

资料来源：历年统计年鉴。

表 22 战略性新兴产业各省（市、自治区）技术变更额

单位：亿元

省 （市、自治区） \ 年份	2003	2004	2005	2006	2007	2008	2009	2010	2011	2012
北京	9.16	47.47	10.46	7.39	7.61	6.55	5.25	6.68	15.56	17.12
天津	17.86	24.20	71.05	47.51	64.61	45.21	24.97	39.83	15.30	16.83
河北	11.59	6.33	3.41	3.23	4.91	6.48	5.88	5.86	5.40	5.94
山西	1.14	1.10	1.22	0.53	0.72	0.75	1.06	0.24	0.82	0.90
内蒙古	0.05	0.08	0.09	0.18	0.43	0.28	0.63	1.44	1.81	1.99
辽宁	20.94	50.73	24.03	22.78	12.61	13.05	25.30	28.09	59.18	65.10
吉林	0.71	1.98	4.11	3.00	4.28	5.00	7.05	0.67	5.96	6.55
黑龙江	77.53	24.05	74.93	34.03	33.31	46.54	41.89	53.24	33.29	36.62
上海	48.60	53.28	33.08	39.11	73.86	38.55	26.72	38.46	26.62	29.29
江苏	80.10	69.79	61.71	58.54	82.43	105.50	98.39	116.56	155.95	171.54
浙江	30.03	36.66	33.93	37.93	39.19	27.59	43.31	44.54	45.32	49.85
安徽	8.02	9.82	7.77	4.24	6.50	6.20	10.79	7.51	9.04	9.95
福建	14.93	11.77	11.79	26.71	34.06	19.13	25.88	32.60	48.73	53.60
江西	12.82	15.98	13.00	41.18	41.33	24.59	19.36	12.46	9.89	10.88
山东	19.39	22.79	24.78	15.13	21.53	24.80	36.88	15.46	37.63	41.40
河南	12.96	19.78	8.17	17.99	22.17	24.49	59.79	17.79	12.68	13.95
湖北	3.11	10.74	2.57	9.32	11.33	8.46	8.22	3.95	17.42	19.17
湖南	17.65	11.31	13.17	2.60	2.41	4.73	17.69	13.70	29.77	32.74
广东	48.47	46.27	66.14	47.64	72.40	68.32	48.75	62.87	40.82	44.91
广西	3.39	4.90	2.93	1.95	2.26	3.99	10.90	4.51	10.76	11.84
海南	0.06	0.43	0.04	0.23	0.49	0.45	1.59	0.84	1.30	1.43
重庆	4.18	7.57	2.83	2.05	1.97	6.97	9.67	3.30	3.28	3.60
四川	22.92	24.19	25.71	49.85	89.01	76.52	70.86	90.16	50.26	55.29
贵州	25.97	17.61	16.47	17.75	20.63	6.20	17.14	9.66	15.64	17.20
云南	0.65	0.95	1.47	1.53	1.02	1.06	0.83	0.64	1.77	1.95
陕西	84.00	99.66	61.08	38.39	80.12	37.74	61.93	78.71	54.82	60.30
甘肃	2.08	1.97	3.99	2.68	3.60	2.42	1.71	3.33	1.26	1.39
青海	0.05	0.06	0.16	0.14	0.24	0.44	0.53	0.10	0.10	0.11
宁夏	0.38	1.19	0.57	8.54	5.79	1.32	0.95	1.20	0.96	1.06
新疆	1.11	1.47	1.06	0.62	1.35	1.57	1.41	1.72	1.94	2.14

资料来源：历年统计年鉴。

表 23 战略性新兴产业各省（市、自治区）大中型企业总产值

单位：亿元

年份 省 （市、自治区）	2003	2004	2005	2006	2007	2008	2009	2010	2011	2012
北京	1574	1668	2753	3558	4309	4011	3711	4053	3884	4273
天津	278	332	369	445	506	547	919	1213	1617	1779
河北	337	364	393	407	521	650	695	909	1031	1134
山西	69	71	84	133	193	250	267	322	407	447
内蒙古	97	112	135	195	214	288	324	387	459	558
辽宁	872	1000	1129	1091	1312	1471	1694	1841	1870	2057
吉林	212	244	312	341	482	619	732	903	989	1088
黑龙江	680	320	852	436	503	586	593	631	706	777
上海	2828	3284	4900	5873	7691	7756	2588	9494	9806	10787
江苏	1562	1691	1911	2241	2814	3161	3849	4362	5509	6060
浙江	541	667	1372	2155	2976	2820	2533	3253	3754	4130
安徽	120	144	180	224	260	316	386	561	1028	1131
福建	1381	1776	2019	2298	2497	2770	1635	3482	4107	4517
江西	194	247	435	528	722	864	901	1322	2669	2936
山东	1063	1640	2355	3532	4707	4506	4859	5139	6519	7171
河南	318	393	534	767	918	1131	1261	1393	1848	2033
湖北	479	401	660	794	971	983	1209	1869	2036	2239
湖南	177	184	189	214	226	278	377	461	1078	1186
广东	9725	10910	14353	17369	20478	22431	12941	28269	32137	35351
广西	68	77	109	115	220	224	246	344	461	508
海南	33	36	41	50	55	64	77	93	96	106
重庆	101	121	160	187	239	265	282	518	1474	1621
四川	579	670	948	1045	1847	2072	2177	2937	4470	4917
贵州	220	225	261	276	343	412	514	537	589	648
云南	194	131	173	292	171	370	366	417	291	320
陕西	666	723	861	977	1200	1234	1281	1545	839	923
甘肃	53	59	64	73	77	81	89	97	194	214
青海	120	109	130	149	120	172	159	165	105	115
宁夏	17	38	49	69	86	78	117	132	149	163
新疆	35	18	21	63	173	187	131	89	129	141

资料来源：历年统计年鉴。

表24　战略性新兴产业各省（市、自治区）国有及国有控股企业总产值

单位：亿元

省（市、自治区）\年份	2003	2004	2005	2006	2007	2008	2009	2010	2011	2012
北京	1012	1073	623	450	677	558	525	604	800	880
天津	172	199	235	228	271	284	451	514	664	730
河北	284	246	274	236	304	261	167	187	253	278
山西	45	33	34	23	24	27	28	70	53	59
内蒙古	28	25	29	24	19	21	33	46	55	60
辽宁	557	710	802	774	860	1031	1095	1217	1238	1362
吉林	138	168	221	251	283	368	435	511	594	653
黑龙江	337	304	723	385	443	459	79	493	441	486
上海	196	177	164	198	235	243	239	289	340	374
江苏	927	963	1095	1163	1274	1326	1387	1543	1784	1963
浙江	84	94	139	189	220	211	254	297	343	378
安徽	70	70	87	691	127	144	170	250	443	487
福建	332	313	362	350	125	103	90	100	194	214
江西	148	144	178	195	199	214	229	245	235	259
山东	185	681	592	804	740	550	897	653	1327	1459
河南	288	367	469	562	642	712	832	975	1307	1437
湖北	197	215	221	230	241	285	420	305	616	677
湖南	111	97	86	67	78	140	116	135	257	283
广东	1795	1790	2088	1647	2172	2537	2338	2560	2991	3291
广西	44	43	41	25	24	59	54	58	70	77
海南	21	24	28	42	45	50	60	76	88	97
重庆	117	145	141	131	144	179	182	209	223	245
四川	326	360	409	464	761	899	948	986	1266	1393
贵州	36	38	37	36	55	75	81	75	97	107
云南	159	111	145	243	152	310	272	366	254	279
陕西	322	257	242	231	255	294	309	385	370	407
甘肃	30	33	37	43	44	47	54	56	143	158
青海	66	35	46	45	26	57	72	66	42	46
宁夏	13	29	35	44	56	68	89	92	95	105
新疆	39	25	33	70	102	98	82	145	262	288

资料来源：历年统计年鉴。

表 25　鄱阳湖生态经济区战略性新兴产业数据

产业编号	年份	技术投入	资本投入	劳动投入	技术增长	SO_2 排放量	总产值
生物及新医药	1998	0.107841	0.857	30000	5	5477	30.115
	1999	0.129709	0.653	31503	5	2334.55	35.425
	2000	0.2489	0.64	29260	1	300	42.76
	2001	0.545713	1.59	28403	1	2219.6	43.635
	2002	0.569216	4.91	32273	3	3018	53.609
	2003	0.883984	12.608	45174	4	4895	80.603
	2004	0.95131	18.728	41241	11	3209	84.184
	2005	0.88938	31.51	48267	3	2999.74	104.786
	2006	0.961299	46.917	58852	1	2905.6	143.737
	2007	1.015226	47.506	60450	3	4453.34	167.123
	2008	0.972432	50.763	71007	4	4983.91	206.182
	2009	2.441239	69.599	71758	14	4358.91	247.558
	2010	1.717039	99.438	77147	5	5622.33	313.211
	2011	2.126522	78.54	76744	1	9553	363.230
航空制造	1998	0.830377	2.066	28000	3	1115.476	53.618
	1999	0.761978	1.184	28530	5	475.467	45.223
	2000	1.2376	1.03	29192	14	61.1	48.61
	2001	1.320823	0.52	28521	7	802.3	52.749
	2002	0.02338	1.802	28168	1	816.2	67.959
	2003	0.002943	2.839	18243	3	876	14.421
	2004	1.844445	4.405	13080	4	339	18.826
	2005	2.030272	4.648	15831	14	710.43	29.216
	2006	2.480209	10.743	13151	7	337.3	41.267
	2007	2.058653	6.458	12745	1	542.4	52.686
	2008	2.229157	4.755	13541	3	825.53	50.280
	2009	2.808939	5.84	14626	7	1097.56	52.620
	2010	4.034467	17.146	15893	14	981.63	56.485
	2011	5.174783	3.447	17217	9	192	77.143

产业编号	年份	技术投入	资本投入	劳动投入	技术增长	SO₂排放量	总产值
半导体	1998	0.041625	1.512	24000	1	171.382	13.334
	1999	0.10084	0.51	24556	4	73.051	16.891
	2000	0.1598	0.41	21139	11	9.387	19.75
	2001	0.080157	0.794	15593	14	200.3	21.999
	2002	0.226498	2.903	21231	10	7.7	20.409
	2003	0.460078	3.56	23449	1	35	29.992
	2004	0.22173	11.722	20119	5	39	27.084
	2005	0.654921	15.772	27484	19	420.75	44.733
	2006	0.650419	32.823	35005	15	132.7	56.741
	2007	0.700207	50.788	40638	12	101.12	75.187
	2008	0.434176	62.801	53671	1	83.19	103.031
	2009	0.976582	115.244	60672	5	50.87	163.030
	2010	0.596707	135.049	77326	38	55.3	220.452
	2011	1.312857	126.993	89491	16	87	309.317
光伏	1998	0.000907	0.363	40	16	61.235	1.713
	1999	0.001331	0.347	40	1	26.101	0.112
	2000	0.0074	0.55	40	5	3.354	0.03
	2001	0.000686	0.642	58	43	40.95	0.059
	2002	0.000292	0.74	92	16	165.9	0.136
	2003	0.011108	0.821	143	21	51	0.332
	2004	0.010479	0.861	1835	1	9.5	1.510
	2005	0.005895	1.589	2529	7	36.76	4.585
	2006	0.006174	1.572	3594	100	30.3	7.410
	2007	0.009258	2.257	6248	16	52.19	11.331
	2008	0.017248	12.386	8459	23	4.615	16.793
	2009	0.067328	14.108	11394	1	5.03	22.919
	2010	0.042966	26.241	16336	8	6.05	33.730
	2011	0.02118	16.776	22950	184	17	48.074

其中，总产值、技术投入、资本投入的单位均为亿元，技术增长以专利数衡量，单位为个，劳动投入单位为个人，SO₂排放量单位为吨。

表 26 鄱阳湖生态经济区战略性新兴产业环境技术效率影响因素数据

产业编号	年份	环境技术效率	二氧化硫排放率	技术投入	固定资产投资	产业总产值	FDI
生物及新医药	1998	0.5	0.002196	1078	8570	301150	286
	1999	0.56	0.002616	8304	20660	536180	1789
	2000	0.62	0.000664	416	15120	133340	894
	2001	0.78	0.003549	9	3630	17130	206
	2002	0.8	0.003549	162	2120	68530	206
	2003	0.8	0.001819	1297	6530	354250	162
	2004	0.81	0.000734	7620	11840	452230	102
	2005	0.84	1.44E−05	1008	5100	168910	919
	2006	0.85	0.004106	13	3470	1120	130
	2007	0.85	0.004106	232	3370	76950	130
	2008	0.86	0.015386	2489	6400	427600	35
	2009	0.87	0.001481	12376	10300	486100	216
	2010	0.87	0.029022	1598	4100	197500	352
	2011	0.88	0.004487	74	5500	300	69
航空制造	1998	0.5	0.004487	13	3100	77300	69
	1999	0.58	0.020058	5457	15900	436350	1126
	2000	0.63	0.000808	13208	5200	527490	754
	2001	0.65	0.035455	802	7940	219990	1054
	2002	0.67	0.005029	7	6420	590	103
	2003	0.67	0.005029	124	7640	44390	103
	2004	0.7	0.02652	5692	49100	536090	1173
	2005	0.71	0.000742	234	18020	679590	461
	2006	0.73	0.000851	2265	29030	204090	1701
	2007	0.71	0.001584	3	7400	1360	688.5
	2008	0.72	0.001584	46	9160	95570	688.5
	2009	0.74	0.011908	8840	126080	806030	423
	2010	0.74	0.003486	29	28390	144210	2349
	2011	0.76	0.042538	4601	35600	299920	4862

产业编号	年份	环境技术效率	二氧化硫排放率	技术投入	固定资产投资	产业总产值	FDI
半导体	1998	0.5	0.005938	111	8210	3320	1499
	1999	0.55	0.005938	1904	14900	91430	1499
	2000	0.59	0.013221	9513	187280	841840	1970
	2001	0.62	0.003178	18444	44050	188260	7652
	2002	0.73	0.042971	2217	117220	270840	7891
	2003	0.72	0.034801	105	8610	15100	1295
	2004	0.72	0.034801	1797	45110	151850	1295
	2005	0.72	0.016356	8894	315100	1047860	2526
	2006	0.74	0.00382	20303	46480	292160	5778
	2007	0.74	0.006028	6549	157720	447330	15569
	2008	0.74	0.017314	59	15890	45850	2516
	2009	0.75	0.017314	1015	61860	166350	2516
	2010	0.75	0.01803	9613	469170	1437370	1504
	2011	0.76	0.005856	24802	107430	412670	5740
光伏	1998	0.5	0.008883	6504	328230	567410	26134
	1999	0.5	0.025352	62	15720	74100	1286
	2000	0.62	0.025352	1064	40750	238000	1286
	2001	0.65	0.011334	10152	475060	1671230	5563
	2002	0.73	0.005603	20587	64580	526860	7843
	2003	0.79	0.002389	7002	507880	751870	33949
	2004	0.8	0.01604	93	22570	113310	2801
	2005	0.81	0.01604	1580	60830	346370	2801
	2006	0.82	0.008625	9724	507630	2061820	5152
	2007	0.83	0.001967	22292	47550	502800	6102
	2008	0.84	0.001711	4342	628010	1030310	28648
	2009	0.83	0.115385	172	123860	167930	4790.5
	2010	0.84	0.115385	2000	83610	396690	4790.5
	2011	0.85	0.012664	24412	695990	2475580	3972

其中，环境技术效率和二氧化硫排放率均为（0~1）的数值，技术投入、固定资产投资、产业总产值的单位均为万元，FDI的单位为万美元。

参考文献

［1］Aigner D. J. , Lovell C. A. K. , Schmidt P. . Formulation and Estimation of Stochastic Frontier Production Function Models ［J］. Journal of Econometrics, 1977, 6（1）: 21-37.

［2］Anselin, L. and Rey, S. . Properties of Tests for Spatial Dependence in Linear Regression Models ［J］. Geographical Analysis, 1991, 23（2）: 112-131.

［3］Anselin, L. Lagrange Multiplier Test Diagnostics for Spatial Dependence and Spatial Heterogeneity ［J］. Geographical Analysis, 1988, 20（1）: 1-17.

［4］Anselin, L. , Spatial Externalities, Spatial Multipliers, and Spatial Econometrics ［J］. International Regional Science Review, 2003, 26（2）: 153 -166.

［5］Barro, R. , Sala-i-Martin, X. Convergence ［J］. Journal of Political Economy, 1992, 100（2）: 223-251.

［6］Bo Carlsson, Staffan Jacobsson, Magnus Holmen, et al. . Innovation Systems: Analytical and Methodological Issues ［J］. Research Policy, 2002, 31（2）: 233-245.

［7］Chaenes A. , Cooper W. W. , Rhodes E. . Measuring the Efficiency of Decision Making Unites ［J］. European Journal of Operational Research, 1978, 6（2）: 429-444.

［8］Charles Dhanaraj, Arvind Parkhe. Orchestrating Innovation Networks ［J］. Academy of Management Review, 2006, 31（3）: 659-669.

［9］Chesbrough, Henry. Open Innovation: Where We've Been and Where We're Going ［J］. Research-Technology Management, 2012（7）: 20-27.

［10］C. Rose-Anderssen, P. M. Allen, C. Tsinopoulos, et al. . Innovation in

Manufacturing as an Evolutionary Complex System ［J］. Technovation, 2005, 25 （10）: 1093-1105.

［11］David G. Luenberger, Robert R. Maxfield. Computing Economic Equilibria Using Benefit and Surplus Function ［J］. Computational Economics, 1995, 8 （1）: 47-64.

［12］Elaine Ramsey, Derek Bond. Evaluating Public Policy Formation and Support Mechanisms for Technological Innovation ［J］. International Review of Applied Economics, 2007, 21 （3）: 403-418.

［13］Fare R. , Shawna Grosskopf, Carl A. Pasurka Jr, et al.. Substitutability among Undesirable Outputs ［J］. Applied Economics, 2012, 44 （1）: 39-47.

［14］Freeman C. Networks ofInnovators: A Synthesis of Research Issues ［J］. Research Policy, 1991, 20 （5）: 499-514.

［15］F. W. Geels. Processes and Patterns in Transitions and System Innovations: Refining the Co-evolutionary Multi-Level Perspective ［J］. Technological Forecasting & Social Change, 2005, 72 （6）: 681-696.

［16］Hailu Atakelty, Terrence S. Veeman. Non-Parametric Productivity Analysis with Undesirable Outputs: an Application to the Canadian Pulp and Paper Industry ［J］. American Journal of Agricultural Economics, 2001, 83 （3）: 805-816.

［17］Imai K. , Baba Y.. Systemic Innovation and Cross-border Networks: Transcending Markets and Hierarchies to Create a New Techno-Economic System ［C］. Technology and Productivity: the Challenge for Economic Policy, 1991: 389-405.

［18］Jaakko Paasi, Katri Valkokari, Tuija Rantala, et al.. Innovation Management Challenges of a System Integrator in Innovation Networks ［J］. International Journal of Innovation Management, 2010, 14 （6）: 1047-1064.

［19］Jefferson G. H. , Rawski T. G. and Zhang, Y. F.. Productivity Growth and Convergence across China's Industrial Economy ［J］. Journal of Chinese Economic and Business Studies, 2008, 6 （2）: 121-140.

［20］Joan E. Van Aken, Mathieu P. Weggeman. Managing Learning in Informal Innovation Networks: Overcoming the Daphne-Dilemma ［J］. R&D Management, 2000, 30 (2): 139-150.

[21] Joel A. C. Baum, Robin Cowan, Nicolas Jonard. Network-Independent Partner Selection and the Evolution of Innovation Networks [J]. Management Science, 2010, 56 (11): 2094-2110.

[22] Jukka Ojasalo. Management of Innovation Networks: A Case Study of Different Approaches [J]. European Journal of Innovation Management, 2008, 11 (1): 51-86.

[23] Knut Koschatzky. Innovation Networks of Industry and Business-related Services: Relations between Innovation Intensity of Firms and Regional Inter-Firm Cooperation [J]. European Planning Studies, 1999, 7 (6): 433- 451.

[24] Meeusen W., Broeck J. V. D.. Efficiency Estimation from Cobb-Douglas Production Function with Composed Error [J]. International Economic Review, 1997, 2 (18): 435-444.

[25] Michio Watanabe, Katsuya Tanaka. Efficiency Analysis of Chinese Industry: A Directional Distance Function Approach [J]. Energy Policy, 2007, 35 (12): 6323 -6331.

[26] Nieves Arranz, J. Carlos Fdez. de Arroyabe. Can Innovation Network Projects Result in Efficient Performance? [J]. Technological Forecasting and Social Change, 2012, 79 (3): 485-497.

[27] Oh D. H.. A Global Malmquist-Luenberger Productivity Index [J]. Journal of Productivity Analysis, 2010, 34 (3): 183-197.

[28] Ramin Halavati, Saeed Bagheri Shouraki, Sima Lotfi, et al.. Symbiotic Evolution of Rule Based Classifier System [J]. International Journal on Artificial Intelligence Tools, 2009, 18 (1): 1-16.

[29] Rolf Fare, Shawna Grosskopf, Carl A. Pasurka Jr.. Environmental Production Functions and Environmental Directional Distance Functions [J]. Energy, 2007, 32 (7): 1055-1066.

[30] Scheel H.. Undesirable Outputs in Efficiency Valuations [J]. European Journal of Operational Research, 2001 (132): 400-410.

[31] Seiford L. M., Zhu J.. Modeling Undesirable Factors in Efficiency Eval-

uation [J]. European Journal of Operational Research, 2002 (142): 16-20.

[32] Sheri M. Markose. Novelty in Complex Adaptive Systems (CAS) Dynamics: A Computational Theory of Actor Innovation [J]. Physica A: Statistical Mechanics Applications, 2004, 344 (1): 41-49.

[33] Stephanie Monjon, Patrick Waelbroeck. Assessing Spillovers from Universities to Firms: Evidence from French Firm-Level Data [J]. International Journal of Industrial Organization, 2003, 21 (9): 1255-1270.

[34] Stijn Reinhard, C. A. Knox Lovell, Geert J. Thijssen. Environmental Efficiency with Multiple Environmentally Detrimental Variables: Estimated with SAF and DEA [J]. European Journal of Operational Research, 2000, 121 (2): 287-303.

[35] Sueyoshi, T., M. Goto, and T. Ueno. DEA Approach for Unified Efficiency Measurement: Assessment of Japanese Fossil Fuel Power Generation [J]. Energy Economics. 2011 (33): 292-303.

[36] Tone K.. Dealing with Undesirable Output in DEA: a Slack-based Measure (SBM) Approach [R]. GRIPS Research Report Series, 2003.

[37] Vittorio Chiesa, Federico Frattini. Commercializing Technological Innovation: Learning from Failures in High-Tech Markets [J]. Product Innovation Management, 2011, 28 (4): 437-454.

[38] W. David Allen. Social Networks and Self-Employment [J]. Journal of Social Economics, 2000, 29 (5): 487-501.

[39] Y. H. Chung, R. Fare, S. Grosskopf. Productivity and Undesirable Outputs: A Directional Distance Function Approach [J]. Journal of Environmental Management, 1997, 51 (3): 229-240.

[40] Zhu J.. Quantitative Models for Performance Evaluation and Benchmarking: Data Envelopment Analysis with Spreadsheets and DEA Excel Solver [M]. Kluwer Academic Publishers, 2003.

[41] 白永平, 张晓州, 郝永佩, 宋晓伟. 基于 SBM-Malmquist-Tobit 模型的沿黄九省（区）环境效率差异及影响因素分析 [J]. 地域研究与开发, 2013 (4): 90-95.

［42］边瑞霄．中国高技术产业技术效率测度及影响因素实证研究［D］．大连理工大学硕士学位论文，2008.

［43］卞亦文．非合作博弈两阶段生产系统的环境效率评价［J］．管理科学报，2012（7）：11-19.

［44］蔡宁，吴婧文，刘诗瑶．环境规制与绿色工业全要素生产率——基于我国30个省市的实证分析［J］．辽宁大学学报（哲学社会科学版），2014（1）：65-73.

［45］曹兴，张云，张伟．战略性新兴产业自主技术创新能力形成的动力体系［J］．系统工程，2013（7）：78-86.

［46］查建平，郑浩生，范莉莉．环境规制与中国工业经济增长方式转变——来自2004~2011年省级工业面板数据的证据［J］．山西财经大学学报，2014（05）：54-63.

［47］常宏建，张震，任恺．基于复杂网络理论的产学研合作网络结构及特性研究［J］．山东经济，2011（2）：73-77.

［48］陈东景，于庆东，肖建红．节水型社会建设前后的山东省水资源使用效率变化及其收敛性研究［J］．干旱区资源与环境，2014（4）：60-65.

［49］陈钢锋．战略性新兴产业发展的影响因素分析［C］．福建省科协第十一届学术会议暨福建省发展战略研讨会论文集，2011：11-17.

［50］陈茹，王兵，卢金勇．环境管制与工业生产率增长：东部地区的实证研究［J］．产经评论，2010（2）：74-83.

［51］陈玉桥．省域环境技术效率空间视角分析［J］．南方经济，2013（10）：64-76.

［52］程贵孙，朱浩杰．民营企业发展战略性新兴产业的市场绩效研究［J］．科学学与科学技术管理，2014（1）：109-116.

［53］崔永华，王冬杰．区域民生科技创新系统的构建——基于协同创新网络的视角［J］．科学与科学技术管理，2011（7）：86-92.

［54］东北财经大学产业组织与企业组织研究中心课题组．中国战略性新兴产业发展战略研究［J］．经济研究参考，2011（7）：47-60.

［55］董敏杰，李钢，梁泳梅．中国工业环境全要素生产率的来源分解——基于要素投入与污染治理的分析［J］．数量经济技术经济研究，2012

（2）：3-20.

［56］董晓宇，唐斯斯．我国地方政府发展战略性新兴产业的政策比较［J］．科技进步与对策，2013（1）：119-123.

［57］杜军，宁凌，胡彩霞．基于主成分分析法的我国海洋战略性新兴产业选择的实证研究［J］．生态经济，2014（04）：103-109.

［58］范建双，虞晓芬．区域建筑业技术效率的影响因素及趋同性分析：基于两种不同假设下的实证检验［J］．管理评论．2014（08）：82-89.

［59］付苗，张雷勇，冯锋．产业技术创新战略联盟组织模式研究——以TD产业技术创新战略联盟为例［J］．科学学与科学技术管理，2013（1）：31-38.

［60］高保中，白冰洁，王翠霞．基于因子分析法的河北省战略性新兴产业实证研究［J］．企业经济，2013（7）：110-113.

［61］高常水．战略性新兴产业创新平台研究——以"核高基"产业为例［D］．天津大学博士学位论文，2011.

［62］高歌，王元道．全要素环境技术效率跨国比较及影响因素分析［J］．商业研究，2011（11）：144-148.

［63］高丽峰，于雅倩．辽宁省装备制造业分行业技术效率测度分析与建议［J］．经营与管理，2014（2）：81-85.

［64］高萌泽．企业集群共演化模型及其机理的研究［D］．北京交通大学硕士学位论文，2008.

［65］辜子演．环境视角下中国工业效率测度及其影响因素研究［J］．统计与决策，2014（1）：128-132.

［66］顾环莹．战略性新兴产业产学研协同创新体系构建路径研究［J］．改革与战略，2014（3）：31-34.

［67］顾强，董瑞青．我国战略性新兴产业研究现状述评［J］．经济社会体制比较，2013（03）：229-236.

［68］郭鹏辉．中国大陆省市经济增长收敛性的空间计量经济分析［J］．经济与管理，2009（3）：5-8.

［69］郭文慧，吴佩林，王玎．山东省碳排放效率与影响因素分析——基于非期望产出的SBM模型的实证研究［J］．东岳论丛，2013（05）：172-176.

［70］国务院通过国家战略性新兴产业发展规划［J］.中国房地产业，2012（7）：70-71.

［71］韩海彬，赵丽芬，张莉.异质型人力资本对农业环境全要素生产率的影响——基于中国农村面板数据的实证研究［J］.中央财经大学学报，2014（05）：105-112.

［72］韩海彬.中国农业环境技术效率及其影响因素分析［J］.经济与管理研究，2013（9）：61-68.

［73］韩霞，朱克实.我国战略性新兴产业发展的政策取向分析［J］.经济问题，2014（3）：1-5.

［74］何涛.中国促进战略性新兴产业发展的财税政策探讨［J］.改革与战略，2014（2）：58-61.

［75］何雄浪，郑长德，杨霞.空间相关性与我国区域经济增长动态收敛的理论与实证分析——基于1953～2010年面板数据的经验证据［J］.财经研究，2013（7）：82-95.

［76］胡鞍钢，郑京海，高宇宁等.考虑环境因素的省级技术效率排名（1999～2005）［J］.经济学，2008（3）：933-960.

［77］胡迟."十二五"时期战略性新兴产业发展中的金融支持［J］.经济纵横，2014（08）：17-20.

［78］胡汉辉，周海波.战略性新兴产业发展陷阱：表现、成因及预防［J］.科技进步与对策，2014（3）：61-66.

［79］胡浩，李子彪，胡宝民.区域创新系统多创新极共生演化动力模型［J］.管理科学学报，2011（10）：85-94.

［80］纪晶华，许正良.发展战略性新兴产业的关键是实现自主创新［J］.经济纵横，2013（1）：98-100.

［81］贾建锋，运丽梅，单翔等.发展战略性新兴产业的经验与对策建议［C］.第八届沈阳科学学术年会论文集，2011：1079-1096.

［82］江秀婷，江澄.技术创新网络跨组织间资源共享决策的演化博弈分析［J］.企业经济，2013（3）：27-30.

［83］蒋珩.基于自组织理论的战略性新兴产业系统演化：不确定性和跃迁［J］.科学学与科学技术管理，2014（1）：126-131.

［84］蒋兴华，万庆良，邓飞其等．区域产业技术自主创新体系构建及运行机制分析［J］．研究与发展管理，2008（2）：46-50.

［85］金相郁．区域经济增长收敛的分析方法［J］．数量经济技术经济研究，2006（3）：102-110.

［86］剧锦文．战略性新兴产业的发展"变量"：政府与市场分工［J］．产业经济，2011（3）：31-37.

［87］匡远凤，彭代彦．中国环境生产效率与环境全要素生产率分析［J］．经济研究，2012（7）：62-74.

［88］李宝庆，陈琳．战略性新兴产业空间演化及区域经济耦合发展研究——以长三角区域为例［J］．人文地理，2014（1）：94-98.

［89］李长青，姚萍，童文丽．中国污染密集型产业的技术创新能力［J］．中国人口资源与环境，2014（4）：149-156.

［90］李光泗，沈坤荣．技术进步路径演变与技术创新动力机制研究［J］．产业经济研究，2011（6）：71-78.

［91］李红锦，李胜会．战略新兴新产业创新效率评价研究——LED产业的实证分析［J］．中央财经大学学报，2013（4）：75-80.

［92］李华军，张光宇，刘贻新．基于战略生态位管理理论的战略性新兴产业创新系统研究［J］．科技进步与对策，2012（2）：61-64.

［93］李金华．知识流动对创新网络结构的影响——基于复杂网络理论的探讨［J］．科技进步与对策，2007（11）：91-94.

［94］李金华．中国战略性新兴产业发展的若干思辨［J］．财经问题研究，2011（5）：3-10.

［95］李兰冰．中国全要素能源效率评价与解构——基于"管理—环境"双重视角［J］．中国工业经济，2012（6）：57-69.

［96］李姝．中国战略性新兴产业发展思路与对策［J］．宏观经济研究，2012（2）：50-55.

［97］李伟娜，徐勇．制造业集聚与环境技术效率——基于中国2001～2011年省际面板数据的实证［J］．软科学，2014（5）：5-10.

［98］李小胜，安庆贤．环境管制成本与环境全要素生产率研究［J］．世界经济，2012（12）：23-40.

[99] 李小胜，余芝雅，安庆贤．中国省际环境全要素生产率及其影响因素分析 [J]．中国人口·资源与环境，2014（10）：17-23．

[100] 李晓华，吕铁．战略性新兴产业的特征与政策导向研究 [J]．宏观经济研究，2010（9）：20-26．

[101] 李燕萍，彭峰．中国高技术产业环境技术效率及其影响因素研究 [J]．科技进步与对策，2013（11）：65-70．

[102] 李永，孟祥月，王艳萍．政府R&D资助与企业技术创新——基于多维行业异质性的经验分析 [J]．科学学与科学技术管理，2014（1）：33-41．

[103] 李煜华，武晓峰，胡瑶瑛．共生视角下战略性新兴产业创新生态系统协同创新策略分析 [J]．科技进步与对策，2014（2）：47-50．

[104] 林光平，龙志和，吴梅．中国地区经济 σ 收敛的空间计量实证分析 [J]．数量经济技术经济研究，2006（4）：14-21．

[105] 林杰，赵连阁，王学渊．水资源约束视角下生猪养殖环境技术效率分析——基于中国18个生猪养殖优势省份的研究 [J]．农村经济，2014（08）：47-51．

[106] 林学军．战略性新兴产业的发展与形成模式研究 [J]．中国软科学，2012（2）：26-34．

[107] 刘红玉，彭福扬，吴传胜．战略性新兴产业的形成机理与成长路径 [J]．科技进步与对策，2012（11）：46-49．

[108] 刘洪昌．中国战略性新兴产业的选择原则及培育政策取向研究 [J]．科学学与科学技术管理，2011（3）：87-92．

[109] 刘慧媛，吴开尧．考虑能源与环境因素的中国区域经济增长研究 [J]．商业研究，2014（10）：50-57．

[110] 刘建国，张文忠．中国区域全要素生产率的空间溢出关联效应研究 [J]．地理科学，2014（05）：522-530．

[111] 刘美平．战略性新兴产业技术创新路径的共生模式研究 [J]．当代财经，2011（11）：105-111．

[112] 刘艳．中国战略性新兴产业集聚度变动的实证研究 [J]．上海经济研究，2013（2）：40-51．

[113] 柳卸林，高伟，吕萍等. 从光伏产业看中国战略性新兴产业的发展模式 [J]. 科学学与科学技术管理，2012（1）：116-125.

[114] 陆国庆. 战略性新兴产业创新的绩效研究——基于中小板上市公司的实证分析 [J]. 南京大学学报，2011（4）：72-80.

[115] 吕富彪. 区域产业集群与技术创新互动模式的协同演进机制研究 [J]. 科学管理研究，2014（1）：67-70.

[116] 吕晓军. 战略性新兴产业与战略性自主创新政策 [J]. 改革与战略，2012（5）：160-163.

[117] 马军伟. 我国金融支持战略性新兴产业的效率测度 [J]. 统计与决策，2014（5）：153-155.

[118] 马亚静. 战略性新兴产业发展中的财政政策设计 [J]. 辽宁师范大学学报（社会科学版），2014（2）：190-194.

[119] 毛润泽，赵磊. 旅游发展对技术效率的影响机制及其区域差异分析 [J]. 统计与决策，2014（1）：102-106.

[120] 梅国平，甘敬义，朱清贞. 资源环境约束下我国全要素生产率研究 [J]. 当代财经，2014（7）：13-20.

[121] 牟绍波. 战略性新兴产业集群式创新网络及其治理机制研究 [J]. 科技进步与对策，2014（1）：55-59.

[122] 潘文卿. 中国区域经济差异与收敛 [J]. 中国社会科学，2010（1）：72-84.

[123] 庞瑞芝，李鹏. 中国工业增长模式转型绩效研究——基于1998～2009年省际工业企业数据的实证考察 [J]. 数量经济技术经济研究，2011（9）：34-46.

[124] 彭盾. 复杂网络视角下的高技术企业技术创新网络演化研究 [D]. 湖南大学博士学位论文，2010.

[125] 彭金荣，李春红. 国外战略性新兴产业的发展态势及启示 [J]. 改革与战略，2011（2）：167-171.

[126] 彭昱. 我国电力产业环境效率评价 [J]. 财经科学，2011（2）：79-81.

[127] 齐亚伟，陶长琪. 我国区域环境全要素生产力增长的测度与分

解——基于 global Malmquist－Luenberger 指数［J］.上海经济研究，2012（10）：3-13.

［128］谯薇，宋金兰，黄炉婷.推动战略性新兴产业发展的创新政策研究——以四川省为例［J］.经济体制改革，2014（3）：178-182.

［129］屈小娥.中国工业行业环境技术效率研究［J］.经济学家，2014（7）：55-65.

［130］任宗强，陈力田，郑刚等.创新网络中技术整合的协同及动态竞争优势［J］.科学学与科学技术管理，2013（4）：80-87.

［131］申俊喜.创新产学研合作视角下我国战略性新兴产业发展对策研究［J］.科学学与科学技术管理，2012（2）：37-43.

［132］沈可挺，龚健健.环境污染、技术进步与中国高耗能产业——基于环境全要素生产率的实证分析［J］.中国工业经济，2011（12）：25-34.

［133］盛鹏飞，杨俊，陈怡.中国区域经济增长效率与碳减排技术效率的测度——兼论其协调性［J］.江西财经大学学报，2014（4）：20-29.

［134］石风光.中国地区环境技术效率的测算及随机收敛性检验［J］.系统工程，2013（1）：61-67.

［135］石风光，周明.中国地区技术效率的测算及随机收敛性检验——基于超效率 DEA 的方法［J］.研究与发展管理，2011（1）：23-29.

［136］石明虹，刘颖.战略性新兴产业集群式创新动力机制与关键诱导因素研究［J］.科技管理研究，2013（24）：203-206.

［137］宋德金，刘思峰.战略性新兴产业选择评价指标与综合决策模型［J］.科技与经济，2014（1）：66-70.

［138］宋河发，万劲波，任中保.我国战略性新兴产业内涵特征、产业选择与发展政策研究［J］.科技促进发展，2010（9）：7-14.

［139］苏洋，马惠兰，李凤.碳排放视角下农户技术效率及影响因素研究——以新疆阿瓦提县为例［J］.干旱区资源与环境，2014（10）：26-30.

［140］孙才志，赵良仕.环境规则下的中国水资源利用环境技术效率测度及空间关联特征分析［J］.经济地理，2013（2）：26-33.

［141］孙才志，赵良仕，邹玮.中国省际水资源全局环境技术效率测度及其空间效应研究［J］.自然资源学报，2014（4）：553-563.

［142］孙东，卜茂亮．我国区域创新系统效率差异及收敛性分析——基于2002~2011年省际面板数据［J］．产经评论，2014（1）：36-45．

［143］孙国民．战略性新兴产业概念界定：一个文献综述［J］．科学管理研究，2014（2）：43-46．

［144］孙耀吾，贺石中．高技术服务创新网络开放式集成模式与演化——研究综述与科学问题［J］．科学学与科学技术管理，2013（1）：48-55．

［145］谭中明，李战奇．论战略性新兴产业发展的金融支持对策［J］．企业经济，2012（2）：172-175．

［146］陶永明．企业技术创新投入对技术创新绩效影响机理研究——基于吸收能力视角［J］．东北财经大学学报，2014（1）：57-65．

［147］涂正革，谌仁俊．传统方法测度的环境技术效率低估了环境治理效率？——来自基于网络DEA的方向性距离函数方法分析中国工业省际面板数据的证据［J］．经济评论，2013（5）：89-99．

［148］汪秋明，韩庆潇，杨晨．战略性新兴产业中的政府补贴与企业行为——基于政府规制下的动态博弈分析视角［J］．财经研究，2014（7）：43-53．

［149］汪秀婷．战略性新兴产业协同创新网络模型及能力动态演化研究［J］．中国科技论坛，2012（11）：51-57．

［150］汪旭晖，文静怡．我国农产品物流效率及其区域差异——基于省际面板数据的SFA分析［J］．当代经济管理，2015（1）：26-32．

［151］王兵，王春胜．论环境技术社会化的社会制约［J］．中国科技论坛，2006（2）：115-119．

［152］王兵，王丽．环境约束下中国区域工业技术效率与生产率及其影响因素实证研究［J］．南方经济，2010（11）：3-19．

［153］王兵，吴延瑞，颜鹏飞．中国区域环境效率与环境全要素生产率增长［J］．经济研究，2010（5）：95-109．

［154］王福涛．创新集群成长动力机制研究［D］．华中科技大学博士学位论文，2009．

［155］王宏起，田莉，武建龙．战略性新兴产业突破性技术创新路径研究［J］．工业技术经济，2014（2）：87-93．

［156］王启仿．中国区域经济增长收敛问题的论争［J］．财经理论与实

践，2004（25）：7-10.

[157] 王松，盛亚．不确定环境下集群创新网络合作度、开放度与集群增长绩效研究 [J]．科研管理，2013（2）：52-61.

[158] 王维国，马越越．中国区域物流产业效率——基于三阶段 DEA 模型 Malmquist-Luenberger 指数方法 [J]．系统工程，2012，30（3）：66-75.

[159] 王志平，陶长琪，沈鹏熠．基于生态足迹的区域绿色技术效率及其影响因素研究 [J]．中国人口·资源与环境，2014（1）：35-40.

[160] 邬龙，张永安．基于 SFA 的区域战略性新兴产业创新效率分析——以北京医药和信息技术产业为例 [J]．科学学与科学技术管理，2013（10）：95-102.

[161] 吴军．环境约束下中国地区工业全要素生产率增长及收敛分析 [J]．数量经济技术经济研究，2009（11）：17-27.

[162] 吴绍波，龚英，刘敦虎．知识创新链视角的战略性产业协同创新研究 [J]．科技进步与对策，2014（1）：50-55.

[163] 吴延瑞．生产率对中国经济增长的贡献：新的估计 [J]．经济学（季刊），2008（3）：827-841.

[164] 武建龙，王宏起．战略性新兴产业突破性技术创新路径研究——基于模块化视角 [J]．科学学研究，2014（4）：508-518.

[165] 肖兴志，姜莱．战略性新兴产业发展对中国能源效率的影响 [J]．经济与管理研究，2014（6）：83-92.

[166] 肖兴志，谢理．中国战略性新兴产业创新效率的实证分析 [J]．经济管理，2011（11）：26-35.

[167] 肖芸，赵敏娟．基于随机前沿分析的不同粮食生产规模农户生产技术效率差异及影响因素分析——以陕西关中农户为例 [J]．中国农学通报，2013（15）：42-49.

[168] 熊勇清，李世才．战略性新兴产业与传统产业耦合发展的过程及作用机制探讨 [J]．科学学与科学技术管理，2010（11）：84-87.

[169] 徐晔，胡志芳．鄱阳湖生态经济区战略性新兴产业环境技术效率测度研究 [J]．江西师范大学学报（自然科学版），2014（4）：424-428.

[170] 徐晔，闫娜娜，胡志芳．生物医药产业与农业耦合发展的实证研

究——以江西省为例 [J]. 企业经济, 2014 (9): 109-112.

[171] 徐晔. 中国制造业环境技术效率的测度及其影响因素研究 [J]. 东岳论丛, 2012, 33 (11): 128-135.

[172] 徐晔, 周才华. 我国生物医药产业环境技术效率测度区域比较研究 [J]. 江西财经大学学报, 2013 (5): 24-34.

[173] 许正中, 高常水. 后危机背景下先导产业发展路径探析 [J]. 中国软科学, 2009 (11): 19-24.

[174] 薛澜, 林泽梁, 梁正等. 世界战略性新兴产业的发展趋势对我国的启示 [J]. 中国软科学, 2013 (5): 18-26.

[175] 杨俊, 邵汉华. 环境约束下的中国工业增长状况研究——基于 Malmquist-Luenberger 指数的实证分析 [J]. 数量经济技术经济研究, 2009 (9): 64-78.

[176] 杨礼琼, 李伟娜. 集聚外部性、环境技术效率与节能减排 [J]. 科技与经济, 2011 (9): 14-19.

[177] 杨骞, 刘华军. 环境技术效率、规制成本与环境规制模式 [J]. 当代财经, 2013 (10): 16-25.

[178] 于新东, 牛少凤, 于洋. 培育发展战略性新兴产业谨防五种倾向 [J]. 中国党政干部论坛, 2011 (4): 34-35.

[179] 余雷, 胡汉辉, 吉敏. 战略性新兴产业集群网络发展阶段与实现路径研究 [J]. 科技进步与对策, 2013 (4): 58-61.

[180] 喻登科, 陈升, 涂国华. 江西省战略性新兴产业科技资源投入产出效率评价 [J]. 情报杂志, 2013 (2): 178-185.

[181] 苑清敏, 赖瑾慕. 战略性新兴产业与传统产业动态耦合过程分析 [J]. 技术进步与对策, 2014 (1): 60-64.

[182] 岳立, 王晓君. 环境规制视域下我国农业技术效率与全要素生产率分析——基于距离函数研究法 [J]. 吉林大学社会科学学报, 2013 (4): 85-92.

[183] 岳意定, 刘贯春, 杨立. 同时考虑环境因素和统计噪声的四阶段 SFA 模型——在我国省际技术效率和政府管理绩效中的应用 [J]. 系统工程理论与实践, 2014 (9): 2283-2294.

[184] 岳中刚. 战略性新兴产业技术链与产业链协同发展研究 [J]. 科学学与科学技术管理, 2014 (2): 154-161.

[185] 张爱琴, 陈红. 产学研知识创新网络的协同创新评价研究 [J]. 中北大学学报 (社会科学版), 2009 (4): 44-47.

[186] 张晨峰. 我国区域经济收敛性研究 [J]. 经济纵横, 2011 (12): 122-124.

[187] 张纯洪, 刘海英. 地区发展不平衡对工业绿色全要素生产率的影响——基于三阶段 DEA 调整测度效率的新视角 [J]. 当代经济研究, 2014 (9): 39-45.

[188] 张国强. 企业技术创新动力机制研究 [D]. 西安科技大学硕士学位论文, 2010.

[189] 张明亲, 张腾月. 资源环境约束下的陕西装备制造业技术效率研究 [J]. 科技管理研究, 2013 (9): 109-112.

[190] 张庆芝, 何枫, 雷家骕. 环境约束下的我国钢铁企业技术效率研究 [J]. 科学学与科学技术管理, 2013 (10): 103-111.

[191] 张枢盛, 陈继祥. 中国海归企业基于二元网络的组织学习与技术创新——一个跨案例研究 [J]. 科学学与科学技术管理, 2014 (1): 117-125.

[192] 张新杰. 产业集群的网络式创新机制研究 [J]. 浙江国际海运职业技术学院学报, 2010 (4): 37-43.

[193] 赵红梅. 制度创新与企业技术创新的互动及作用机理 [J]. 企业经济, 2013 (7): 35-39.

[194] 赵伟, 马瑞永, 何元庆. 全要素生产率变动的分解——基于 Malmquist 生产力指数的实证分析 [J]. 统计研究, 2005 (7): 37-42.

[195] 赵玉林, 石璋铭. 战略性新兴产业资本配置效率及影响因素的实证研究 [J]. 宏观经济研究, 2014 (2): 72-80.

[196] 钟清流. 战略性新兴产业发展思路探析 [J]. 中国科技论坛, 2010 (11): 41-45.

[197] 朱瑞博, 刘芸. 战略性新兴产业机制培育条件下的政府定位找寻 [J]. 产业经济, 2011 (6): 84-92.